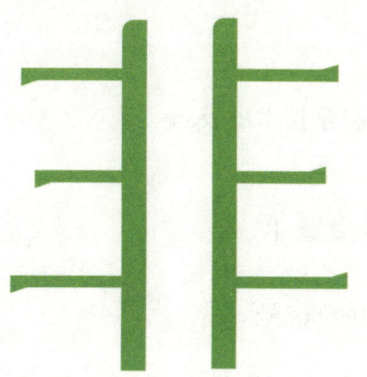

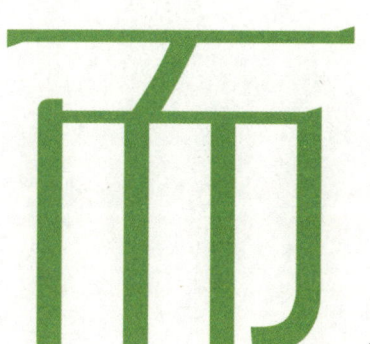

非药而愈

王磊 著

吉林科学技术出版社

图书在版编目（CIP）数据

非药而愈 / 王磊著. -- 长春：吉林科学技术出版社，2024.6
ISBN 978-7-5744-1279-8

Ⅰ. ①非… Ⅱ. ①王… Ⅲ. ①保健－食谱 Ⅳ. ①TS972.161

中国国家版本馆CIP数据核字（2024）第086665号

非药而愈

FEI YAO ER YU

著　者　王　磊
出版人　宛　霞
策划编辑　穆思蒙　张　超
全案策划　吕玉萍
责任编辑　王聪会
封面设计　郭艳鹏
内文制作　郭红玲
幅面尺寸　160 mm × 230 mm
字　　数　180千字
印　　张　12
印　　数　1—10 000册
版　　次　2024年6月第1版
印　　次　2024年6月第1次印刷
出　　版　吉林科学技术出版社
发　　行　吉林科学技术出版社
地　　址　长春市福祉大路5788号龙腾国际大厦A座
邮　　编　130118
发行部电话/传真　0431-81629398　81629530　81629531
　　　　　　　　　81629532　81629533　81629534
储运部电话　0431-86059116
编辑部电话　0431-81629517
印　　刷　德富泰（唐山）印务有限公司
书　　号　ISBN 978-7-5744-1279-8
定　　价　59.00元

　　朋友，你知道吗？其实，许多疾病都是可以自愈的。举个最简单的例子：当病毒侵入人体时，免疫系统会迅速启动防御机制，其中之一就是通过升高体温来对抗病原体。这是因为高温可以破坏病毒和细菌的生长环境，有效阻止它们的繁殖，从而减少病原体对身体的损害。同时，高温还能促进血液循环和新陈代谢，加速身体受损组织的修复和再生。因此，免疫系统的这种反应是身体自我保护的一种重要机制。

　　不管什么样的疾病，在病人康复过程中，其实医生和药物所起的作用是辅助性的，身体的恢复更多依赖于自我调节，也就是修复自愈力的过程。

　　我们不能否认现代医学对伤口的抗感染作用，因为人体受伤后创面暴露在外，对病毒、细菌的抵抗力自然下降。只要伤口不感染发炎，伤口的恢复还是依靠人体的自愈能力。所以中医认为，疾病要"三分治，七分养"。

　　人体的自愈系统就像是一位出色的医生，拥有诸多卓越的能力，包括免疫力、排异能力、修复和再生能力、内分泌调节能力以及应激能力等。当人体出现不适或生病时，这位"医生"能够敏锐地察觉到异常信号，并迅速调整机体的各项机能，如同精湛的"配药师"和"用药师"，努力调配治疗良方，以达到治愈疾病的目的。

反之，如果人体的这种能力（免疫力）遭到彻底破坏，即使药王再世，也不可能挽救性命。比如，艾滋病之所以成为医学界的痛点，主要因为艾滋病毒攻击人体的免疫系统。

那么，如何能保证人体自愈能力不被破坏呢？这与人的睡眠、运动、饮食等方面有着重要的关系。要求我们必须保证充足的睡眠、适当的运动以及充足的营养。如何提高睡眠质量与运动质量我们不做过多赘述，单从饮食与营养补充的方面展开论述。为何只讲这方面？这样选择的出发点是什么？

医学之父希波克拉底早在两千多年前就提出"食物是最好的医药"，而食物中的营养素正是维持健康的重要成分。多年来，科学家也早已证实，营养素除了预防疾病外，在人体代谢中也扮演着重要角色。

明代医药学家、博物学家李时珍在《本草纲目》中也提出了"药补不如食补"的观点。不仅如此，在历代医家所留存的医案、名方中，我们都能瞥见"药食同源"的影子。食疗，病人不仅不需要忌惮"良药苦口"的"苦口"，还能一饱口福，故深受大众欢迎。

对于大众而言，"苦口"的代价很小，人们更多的隐忧来自"是药三分毒"，只要是有一定医药知识的人都会知道，不少药物都有不良反应。当药物进入人体、作用于患病部位时，也可能对身体的其他部位产生不良影响。因此，为了治疗疾病，身体有些部位可能存在药物剩余毒素的积累，久而久之，很容易患上药源性疾病。更糟糕的是，还可能需要付出大量的医疗费用。

我们再回到"自愈力"这个话题上，不少人的自愈力（免疫系力）其实是被"吃垮"的，也有的人生病是因为缺少某种营养素使自愈力下降导致的。例如，肥胖病就是饮食不当后脂肪过多积蓄造成的，脂肪肝也是如此，吃得过硬、过烫或是刺激食道，是诱发食道癌的主因，比如，嗜食大量槟榔会诱发口腔癌。由此可见，饮食习惯与饮食调剂对生命健康及免疫力增强的重要性不能忽视。

关于提高人体自愈能力、帮助人体从慢性病状态恢复健康并拥有更好的社会适应能力，有一个专门的学科称为康复医学。营养学也是康复医学的一个分支，在发达国家，有大量人员从事这方面的工作，能够显著改善大多数人的健康水平并延长预期寿命。这门医学与我们中医的"正气内存，邪不可干"有不谋而合之处，亦有异曲同工之妙。

为了帮助读者更好地理解药食同源的概念和其对人体健康的重要性，我们编写了这本书。本书首先回顾了药食同源的历史渊源，以及正确饮食对身体健康的积极影响。接着，我们探讨了癌症预防和康复过程中饮食调节的关键作用，以及如何在日常饮食中预防癌症和增强抗癌能力。此外，我们还介绍了如何通过平衡饮食和补充营养素来调理各种常见疾病。

本书特别关注了常见病症的营养补充方法，并针对加速衰老的问题提供了补救措施。同时，我们也为不同年龄段的朋友们制订了适合的营养建议，希望能够助力读者重塑自愈力、增强免疫力、抵抗衰老，最终达到"不药而愈"的目的。

在本书的撰写过程中，我们力求以科学、严谨的态度来阐述营养学和健康管理的知识。我们希望通过本书的帮助，读者可以更好地了解饮食与健康的关系，从而在日常生活中调整饮食习惯，促进身体健康和预防疾病。

目　录

第五章　小儿疾病，吃美食比吃药更易接受

第六章　不用保健品，怎么走出亚健康状态

第七章　好饮食让女性吃出幸福感

第一章

药食同源，吃对和吃错差别这么大

细说食物与药物的渊源

　　我国自古就有药食同源的说法。药食同源的原始含义是指食物和药物同出一源，均来自自然界的动植物。这在综合性本草及中药著作中，体现得尤为突出。梁代陶弘景的《本草经集注》首创按药物自然属性分类，其中载药 730 种，食物占 46 种。其后的历代医家著作的载药记载也都有食物的记载评述，并记载了大量食疗方。

　　"药食同源"这个概念有两层含义。第一层含义是，许多食物和药物之间并没有明确的界限，它们可以相互转化。第二层含义是，中药与食物之间存在着共同的起源，例如，冬瓜皮、冬瓜子都是有利水功效的中药材，而冬瓜肉则是普通的蔬菜；荔枝核是理气中药材，而荔枝肉则是美味的水果；小麦在中药中分为浮小麦（未成熟的小麦）和成熟小麦，前者具有收涩作用，后者则是日常面食的主要材料；鲍鱼壳经过煅制后成为石决明，具有平肝息风的作用，而鲍鱼肉则是海鲜中的佳品。

食物和药物在性能上有相通之处。食物也具有类似药物的四气五味、升降沉浮、归经、功效等属性。这是食物具有养生保健、防病治病功能的理论基础。然而，尽管药食同源、食药相通，食物与药物还是有区别的。

第一，对常人来说，药物只是日常生活的备用品，而食物却是必需品。食物含有营养精微物质，是维持人体健康的基础，需要天天补充。

第二，药物作用比较强烈，有一定的不良反应，容易伤人。相比之下，食物较药物而言，比较平和、作用和缓，无不良反应。

第三，药物作用强，起效快；食物作用弱，起效慢，作为食疗需要经常食用。

因此，古代医家提出"人若能知其食性，调而用之，则倍胜于药也……善治药者，不如善治食"。中医营养学一贯倡导以食养生，以食疗病。

食疗的具体形式就是药膳，是以辅助治疗某些疾病为目的，根据中医辨证施治的原则，根据不同的体质和疾病阶段，采用不同的食疗方法，并添加适量的药物。药膳必须具有针对性，因为不同年龄层次的人在保健和补养上有着共同的生理特点和不同的病理变化，因此需要有针对性地进行"辨证施膳"。

唐朝时期的《黄帝内经太素》一书中写道："空腹食之为食物，患者食之为药物"，即反映了"药食同源"的思想。《淮南子·修务训》记载神农："尝百草之滋味，水泉之甘苦，令民知所避就。当此之时，一日而遇七十毒。"可见神农时代药与食不分，无毒者可就，有毒者当避。随着经验的积累，药食开始有了明显的区分。在掌握了火的使用后，人们开始食用熟食，烹调加工技术也逐渐发展起来。与此同时，食疗与药疗的界限也变得越来越清晰。

中医食疗包含两个方面的含义：一是"治未病"，即预防疾病；二是治疗或辅助治疗疾病。在古代原始社会中，人们在寻找食物的过程中发现了各种食物和药物的性质、味道和功效，认识到许多食物可以用作药物，许多药物也可以食用。这就是"药食同源"理论的基础，也是食物疗法的基础。

浅谈中医食疗的"四气五味"

中医认为，疾病的本质是正气受损，即现代医学所谓细胞受损，杀死病菌靠药物，而细胞修复还得靠营养。均衡营养除了能呵护正气，预防疾病，修复疾病损伤，还能延缓衰老。所以饮食营养是健康的基石。

食物之所以能够养生治病，是因为它们本身具有一定的性能。古代医学家将中药的"四气""五味"理论应用到食物中，认为每种食物也具有"四气""五味"。这就是食物疗法或饮食疗法，可以根据

个人不同的体质或病情，选择具有保健作用或治疗作用的食物，通过合理的烹调加工制成"食疗"佳品。

"四气（性）"是食物的四种基本属性，包括寒、凉、温、热。这四种属性中，温、热和寒、凉是两种截然不同的属性。而温与热、寒与凉则有着共同的特性，只是程度上有所差异。具体来说，温比热稍微弱一些，凉比寒稍微弱一些。

食物的四气属性是古人根据食物对人体产生的作用和反应进行归纳总结得出的。一般来说，适用于热性体质或病症的食物属于寒凉性食物，例如西瓜可用于缓解热病引起的口渴，鸭梨可用于治疗咳嗽和咳黄痰等症状。相反，适用于寒性体质或病症的食物则属于温热或热性食物，例如干姜可用于缓解胃寒腹痛，生姜和葱白可用于治疗风寒感冒等疾病。在实际应用中，我们应根据"寒者热之，热者寒之"的原则来选择和使用食物。

食物的"味"不仅指其具体的味道，还表示食物在身体中产生的作用。五味是指辛、甘、苦、酸、咸五种基本的味道，此外还有涩味、淡味和芳香味，但通常统称为五味。

味道不仅仅局限于我们通过感官所能辨别的范畴，它还代表了食物的不同功效。辛味具有发散、行气和行血的作用，例如生姜和葱白可用于治疗外感表证；韭菜和茴香则适用于气滞血瘀证。甘味具有补益、和中和缓急的作用，如粳米和糯米能补中益气，大枣则有助于健脾和中。酸味具有收敛和固涩等作用，如石榴可以涩肠、止血和止咳，适用于泻痢、下血和脱肛等症状。苦味具有清热、泻火、除湿和泻下的作用，如苦瓜可以清热解毒，用于治疗火热实证。咸味具有软坚散结和泻下的作用，如海带和紫菜等，适用于瘿瘤等病症。

每一种食物都有性和味。性和味各从一个侧面反映食物的性能，而每一种食物既有特定的性，也有一定的味，所以在应用食物时，要把性和味结合起来考虑。

食物在人体中发挥着三个基本作用，即"补""泻"和"调"。具体来说，它们可以补充身体所需的营养物质，排除体内多余的物质，调节脏腑功能，维持身体的阴阳平衡。此外，食物还可以纠正阴阳失衡的病理现象，使身体恢复到正常状态。

常见的补益类食物包括大枣、粟米、土豆、鸡蛋等，它们可以补充体内的气；胡萝卜、龙眼肉、桑葚、牛肝等可以补血；山药、银耳、鸭肉、甲鱼等可以滋阴；韭菜、刀豆、核桃仁、猪肾等可以补阳。

泻实祛邪类的食物种类较多，常见的有生姜、葱白、芫荽等，它们可以散风寒；萝卜、杏仁、枇杷、苦瓜、西瓜等可以化痰、止咳平喘。

食物吃错了也会生病

在现代社会，人们的生活水平有了前所未有的改观，而刻在骨子里的"必须储存能量基因"让人们不停储存能量。有些人每天都在大快朵颐，餐餐丰盛。现代科技让大家节省了不少时间，只需动动手指（如网上订餐），美食就能送到嘴边，可以说每个人都成了新时代的"美食家"。

"幸福"来得这样容易，却让不少人的营养摄入不平衡和过量，再加上缺乏运动和生活作息不规律，导致能量积累过多而运动量减少。这种情况导致了人体营养代谢和运化功能的失衡，进而引发了一系列疾病，尤其是动脉硬化、高血压、高脂血症、肥胖病、高尿酸血症、胆肾结石、糖尿病、心脑血管病、胃肠病、癌症等慢性非传染性疾病的快速增长。此外，过度饮酒和暴饮暴食引发的急性胰腺炎甚至可能导致人们在短时间内丧命（死亡率高达30%）。上述这些慢性病主要是由不健康的饮食习惯和生活方式引起的，错误的饮食结构已

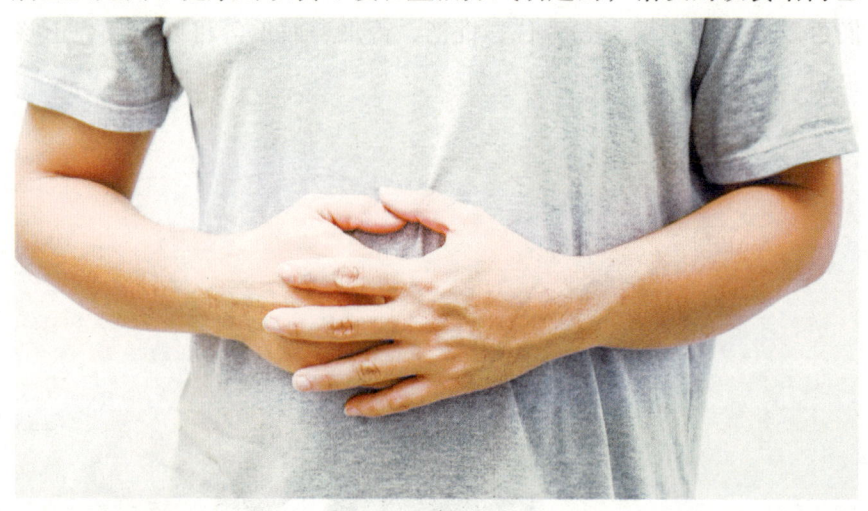

经成为新的"病从口入"的原因。

一位在医学界很有名气的学者，在一次演讲中对听众说："在我国的困难时期，人们既没有钱，物质也不丰富，食物都需要凭票购买，什么都需要票，什么粮票、油票、鸡蛋票，数不胜数。现在，我们钱多了，也不需要各种票了。然而，由于患有高血压、冠心病、高尿酸血症和慢性肾功能损害等疾病，我们却不能随意享受了。我们要重视健康，我们要呵护生命……"

后来，令人遗憾的是，这位学者在62岁时因心肌梗死突然离世。

回顾二十世纪七八十年代，西方一些学者曾经感叹道："现代人正在用自己的牙齿挖掘自己的坟墓。"《健康报》曾有文章指出："文明人痛快地吞下了文明病（慢性非传染性疾病）。"

我们每吃一口食物都会对身体产生一定的影响，要么滋养身体，要么危害身体。饮食营养失衡和代谢运化失调会导致疾病的发生。

目前，许多人的饮食中缺乏全谷物类主食、蔬菜和水果，而过多摄入肉类（尤其是红肉和加工肉类）、油类（包括坚果）、糖和钠，会导致营养失衡和总热量严重超标，成为慢性非传染性疾病等其他疾病风险的"主要决定因素"。由于营养失衡导致的"隐性饥饿"是健康的致命杀手。

慢性病与营养过剩（蛋白质和脂肪摄入过多）以及矿物质、微量元素和维生素摄入不均衡密切相关。许多错误的饮食结构会导致两种截然不同的后果：其一是营养过剩，导致能量代谢异常，成为慢性病的主要诱因。其二是饮食结构单一导致营养不平衡，引起低蛋白血症、低胆固醇血症以及膳食纤维、维生素和微量元素缺乏，进而导致机体免疫功能下降，更容易患上慢性病甚至感染性疾病。慢性病具有易暴发、难根治（一旦患病，大多数患者会终身带病生存）、致残率高和死亡率高的特点，不仅使患者感到恐惧不安，也让医生感到棘手头痛。

西汉时期的枚乘在其作品《七发》中曾写道："甘脆肥脓，命曰腐肠之药"。这一观点在现代得到了世界卫生组织的证实，该组织指出："癌症发病因素中 60% 取决于个人生活方式，而这 60% 的因素中，饮食居于首位"。

2019 年 4 月 3 日，世界权威医学杂志《柳叶刀》发布了一项全球首个关于饮食领域的重磅研究报告。这项统计时间跨度近 30 年的大型研究不仅前所未有，还得出了一个令人震惊的结论："20% 的人死于吃错饭！"

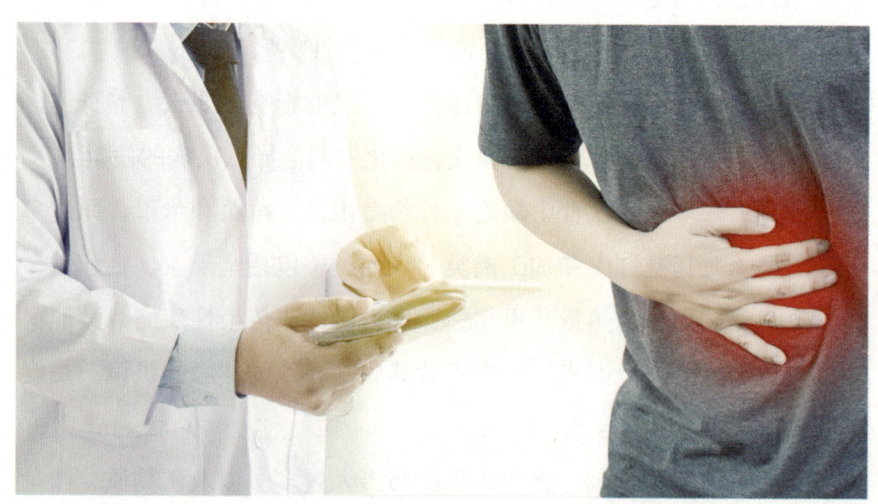

根据 2018 年拉什大学医学中心的一项研究，该研究涉及 1000 名参与者，发现经常食用酒类、咖啡因、糖类（导致胰岛素抵抗和糖代谢失调，进而引发焦虑）以及腌制食品（引起组胺水平失衡）等不健康饮食习惯会对大脑的神经活动和神经递质水平产生负面影响，从而在不知不觉中降低认知功能。

苏格兰格拉斯哥大学的科学家进行的另一项研究发现，高脂饮食与抑郁症之间存在直接的因果关系。研究结果显示，脂肪可以进入大脑并破坏下丘脑中特定的信号传导途径，进而引发抑郁症状。这项新研究结果发表在《转化精神病学》杂志上。

研究还表明，下丘脑中的 cAMP / PKA（腺苷酸环化酶依赖性蛋白激酶 A）信号传导途径被破坏，从而导致动物出现抑郁症状。进一步的研究揭示出这些破坏是由脂肪酸直接在下丘脑中积累引起的。这一惊人发现首次揭示了饮食中的脂肪酸通过血液流动到大脑特定区域积聚，然后引发类似抑郁的行为改变。

古人曾说："所谓百病横生，多由饮食，饮食之患，过于声色，声色可绝之逾年，饮食不可废之一日，为益者亦多，为患者亦切。如水能载舟，亦能覆舟也。"这就告诫人们在摄取食物时要格外小心，不可轻视吃错食物对人体的伤害。

吃多了，不仅是"难受"这么简单

你是否曾经有过这样的体验：当你吃得过饱时，反而感到更加困倦。这种情况在午饭后尤为常见，甚至有些人在享用一顿丰盛的晚餐后，就立刻倒头大睡。那么，为什么我们会在吃饱后感到疲倦呢？

首先，我们需要了解的是，当我们进食时，身体需要消耗大量的气血和能量来进行食物的消化和吸收。这个过程会占用我们大部分的能量，导致大脑和其他肌肉部分的气血能量不足，从而产生疲倦和无力的感觉。

其次，当我们吃饱后，身体会通过激素和神经系统进行一系列复杂的操作。这些操作不仅包括消化食物，还包括调节血糖水平、维持血压稳定等。这些操作会消耗大量的能量，进一步加剧我们的疲劳感。

吃过量的食物会让身体的多个器官超负荷运转，被动膨胀的胃可能会挤压到其他器官，让人感到不适。胃需要分泌大量的胃液来消化食物，过多的胃液可能会反流到食管，导致胃灼热的感觉。同时，胰腺和肝脏也会分泌更多的胰岛素、消化酶和胆汁来帮助消化，降低饱食后升高的血糖。

作为消化系统的末端——肠道，不仅要分泌更多的消化液，还要吸收过量的营养，这对肠道菌群也是一个巨大的挑战。它们在消化食物的过程中还会释放更多的气体，进一步导致腹胀等不良反应。如果我们总是吃得过饱，那么这种痛苦不仅会持续，还会对身体产生长期负担。

如果你常常吃得过饱，你会有什么变化？你可以摸摸自己的小肚

腩，看看体重秤上的数字。当然，变胖只是最明显的外在表现，毕竟这可是一顿又一顿饱餐的胜利果实！更重要的是，你身体的五脏六腑都会发生变化。

首先是胃病。你的小胃是无法承受一次又一次被过分撑大的。始终处于饱胀状态的胃，会刺激胃液分泌消化食物，胃黏膜容易被破坏，消化不良、胃溃疡、胃糜烂这些胃病就可能找上你。然后，还有其他消化系统以外的伤害。

许多人偏爱高油、高盐、高糖的食物，这些食物不仅会加重脾胃负担，导致脂肪在皮下和内脏堆积，还可能引发糖尿病、高脂血症、心血管粥样硬化等多种疾病。

茱莉·马蒂森博士及她的同事，作为美国国立衰老研究所（NIA）的一员，曾与威斯康星大学的同行共同进行过两项独特的饮食与寿命研究。这些研究的试验对象是恒河猴，选择恒河猴的原因是它们的基因与人类有93%的相似度，且衰老方式也大致相同。NIA的研究结果表明，那些每天食物摄入量减少 30% 的猴子，其最长寿命可达 43 岁，这比该猴群的平均寿命要长 20 岁。更令人惊讶的是，这些猴子在 30 岁后，其外貌和行为并未显示出衰老的迹象。

在威斯康星大学，科学家们完成了一项引人注目的研究。他们发现，那些减少食量的恒河猴不仅外表看起来更年轻，而且身体状况也更为健康。这些猴子的癌症和心脏病发病率降低了超过 50%，糖尿病的发病率几乎为零。

这项研究持续了 20 年，研究人员对每天控制饮食的猴子进行了观察。结果发现，这些猴子的死亡率仅为 13%，而那些随意进食的猴子的死亡率却高达 37%。这意味着，控制饮食的猴子的死亡率比后者低了近 1/3。

尽管这些实验对象与人类有很大的相似性，但毕竟它们是动物。因此，美国塔夫茨大学的营养专家苏珊·罗伯茨及其研究团队对人类进行的研究结果更具说服力。

她们对 218 名年龄在 21 至 50 岁之间的参与者进行了一项相似的

研究。研究结果发现，当食物摄入量减少 25% 时，血液中的"好"胆固醇明显增加，肿瘤坏死因子（TNFs）减少了 25%，胰岛素抵抗性也降低了 40%，整体血压下降。

我们日常饮食中哪些最容易过量呢？最为常见的就是"糖""油""盐"。

糖多了：糖的摄入过多会导致龋齿、肥胖以及血脂过高等问题。大量的糖在体内代谢时需要消耗 B 族维生素，导致丙酮酸和乳酸在体内蓄积，进而引发情绪变化。此外，高糖饮食还与高血压、冠心病等疾病密切相关。另外，高糖饮食也与乳腺癌、大肠癌等癌症的发生有密切关系。

盐多了：盐的摄入过多会增加高血压的风险，而高血压又是脑卒中和心脏病死亡的最大独立原因。食盐经过尿液排出体外，因此高盐饮食还会增加肾脏的负担，甚至造成肾脏损伤。此外，摄入过多的盐分还会导致骨质疏松和肾结石的发生，甚至引起女性黄褐斑增多。

油多了：油脂的摄入过多会导致能量过剩，从而引发肥胖、高脂血症、动脉粥样硬化和糖尿病等问题。油脂在肝脏中堆积还会造成肝细胞坏死，引发肝硬化。

总而言之，这个论点易于理解且明确：通过适度控制饮食并略微减少每餐的摄入量，不仅不会导致衰老迹象的出现，同时还能显著降低许多慢性疾病的发病风险。

季节不同，饮食亦有不同

我们都知道，饮食的合理与否会直接影响我们的身体健康。例如，食用不洁的食物可能导致食物中毒，而过度食用辛辣的食物则可能引发胃火或便秘等问题，这些都是我们日常生活中的基本常识。然而，食物并非只有这些基本的属性，它们还具有五行属性，即木、火、土、金、水，这五种属性分别对应着酸、苦、甘、辛、咸五种味道。

中医学理论认为，人体五大脏腑和自然界中五行、五色、五味及季节变化都有密切的联系。随着一年四季的变化和节气的转换，人体的五行也会受到影响，所以在中医上有"春夏养阳，秋冬养阴"的说法，随着季节的转换，我们可以通过食物来调整和平衡体内的五行。如何在四季中运用食物来调节身体内的五行，给大家做一下普及。

春季：

春天在五行中属于木，主要的特性是生发和生长。对应的内脏是肝，肝的五行属性也是木。春季时，肝气比较旺盛，五味中对应的是酸性。根据五行相生相克的原理，木能克制土，土的五行对应脾，五味对应的是甘。因此，在春季，我们的饮食规律应该是减少酸性物质的摄入，以防止肝气过度发散。

同时，增加一些甘甜性质的食物，有利于身体内部的平衡，可以调养脾胃功能，促进身体的生长发育。例如大枣、山药、胡萝卜等以及鸡蛋、肉类和坚果。

夏季：

夏天在五行中属于火，主要的特性是快速生长。对应的内脏是心，心的五行属性也是火。夏季是心气旺盛的季节，五味中对应的是苦。根据五行相生相克的原理，火能克制金，金的五行对应肺，五味对应的是辛。因此，在夏季，我们的饮食规律应该是减少苦味食品的摄入，因为苦味入心，心气旺盛会影响肺的宣泄功能。

同时，增加一些辛辣食品的摄入，用来养肺气。有人会说，夏天火毒热盛，吃点苦味蔬菜可以清热泻火，这是正确的，只是不建议多吃。到了夏天，往往会感觉气短乏力，这与肺气不足有关。因此，增加辛热食物的摄入有助于养肺气，也有助于祛暑湿。这就是夏天要多吃姜的道理。

秋季：

秋天在五行中属于金，主要的特性是肃杀，将春夏吸收的能量逐渐收敛起来。对应的内脏是肺，肺的五行属性也是金。秋季是肺气旺盛的季节，五味中对应的是辛。根据五行相生相克的原理，金能克制木，木的五行对应肝，五味对应的是酸。因此，在秋季，我们的饮食规律应该是减少辛味食品的摄入，因为辛味入肺，肺气旺盛会影响肝的疏泄功能。

同时，增加一些酸性食品的摄入，用来养肝气。肺本身属金，五味对应辛，肺的特性是喜润恶燥。过度辛辣食物会导致肺的润泽不够，引发喘咳。秋天可以增加酸甜的食物，用以润肺养肝。例如大部分水果。

冬季：

冬天在五行中属于水，主要的特性是收敛藏纳。对应的内脏是肾，肾的五行属性也是水。冬季是肾气旺盛的季节，五味中对应的是咸。根据五行相生相克的原理，水能克制火，火的五行对应心，五味对应的是苦。因此，在冬季，我们的饮食规律应该是减少咸味食品的摄入，因为咸味入肾，肾气旺盛会过度消耗人的肾阳之气。

中医认为，人的气血运行状态与五脏直接相关联，而五脏又对应四季。春季易生春困，夏季易胸闷气短，秋季易干咳感冒，冬季易体寒生病。那么我们的养生顺应四季岂不是效果更佳？俗话说"民以食为天"，食补可能是人们最容易接受的方式了。

在日常饮食中，运用五行相生相克的关系来调理好我们的饮食，让人们吃得更健康。

最后，再提一下"春夏养阳，秋冬养阴"中"养"并非简单的"补"，理解为"顺应"更为合适，应顺应自然界的阴阳升降变化规律。

"春夏养阳，秋冬养阴"这一基本原则，也应因人而异，灵活、辨证地看，而不是机械地、生搬硬套地去采用哪种食疗方法。

吃得少，营养不足自愈力差

不是说营养可以治病，而是缺乏营养会得各种病，长期缺乏就会变成慢性病。营养素缺乏，就像看似坚固的大堤的某个地方少了一块砖。看似还是那么坚固，腐败或是腐朽就是从砖的缺口开始的。某一天，突然洪水上涨，其他地方都靠得住，所有的洪水都会从缺少砖的地方往里冲。

我们听过千里之堤溃于蚁穴，而我们的自愈力就是这样的大堤，而缺少营养素就像少了的那块砖。病毒、细菌等就专门从薄弱的地方下手，人体感到不舒服了，就是在预警，告诉你这个"大堤"好像不太牢固了。

这样的比喻，可能还不是太恰当，但是能基本说明这个道理。所以，长期稳定的合理膳食、均衡营养，是机体生理功能和免疫功能的重要保障条件之一。营养供应不好，会降低身体的抗病力和自愈力。

我们一直反对的严重饥饿节食减肥和病人不吃不喝这两种情况可以很好地佐证我们的观点。尽管节食减肥可能会带来体重的减少，但它并不能带来健康的体质。事实上，节食减肥会导致脸色蜡黄、体力精力下降、容易感冒且不易康复，甚至女性闭经等"后遗症"，这些都是抗病力下降的表现。

同样地，生病时不吃不喝会导致没有营养的摄入，就像身处战场却没有充足的弹药供应一样。在这种情况下，身体只能拆东墙补西墙，很难战胜病毒和细菌，身体修复的能力也非常低下。因此，与其他人相比，这些人更容易感染疾病，并且感染后更容易发生重症。

所以，提高抵抗力，牢固自身的"大堤"，营养必不可少，下面这些"砖块"都是我们必须要补充够的。

1. 能量

为了与病原体作战，人体需要足够的能量。因此，在保证充足能量的前提下，各种营养素也要充分。

2. 蛋白质和氨基酸

"没有蛋白质就没有生命。"蛋白质特别是必需氨基酸和条件必需氨基酸是构成机体的重要物质。其中包括人体免疫系统中的各种免疫器官、免疫细胞和免疫分子，如溶菌酶、免疫球蛋白、抗原、抗体、乳铁蛋白等都是蛋白质。当蛋白质营养不良时，机体内的淋巴细胞就会减少，吞噬细胞对细菌的杀灭能力降低和减慢，血清蛋白含量降低，易造成感染。

3. 维生素

众多维生素和矿物质与酶、激素和抗体有关。它们直接或间接对人体免疫系统的正常运作起着非常重要的作用。例如，维生素C是抗体形成的"催化剂"，如果缺乏维生素C，遭遇感染时会影响抗体的生成，影响抗病力。人体每日所需的维生素C可以通过蔬菜水果获

得。B族维生素也非常重要，它们参与体内多种物质的合成，包括免疫反应中多种生理活性物质参与蛋白质、碳水化合物的代谢。维生素A是第一道防线的"守护神"，提高免疫力，它可是大功臣。另外，维生素A对预防呼吸道感染也非常重要，因为它与上皮组织的健康密切相关。维生素E是女性美容抗衰的佳品，也是免疫力的调节剂，维持较高的血清维生素E浓度能有效地预防社区获得性肺炎。

4. 矿物质

研究观察到，人体缺乏钙、铁、锌、硒元素会使免疫细胞活性下降、抗体分泌减少。铁是抗体形成的有力后盾；锌是调节免疫力的"好帮手"；感染和发热期间需要增加水分供应，同时也会增加矿物质的排出量，所以在此期间需要摄入更多的钾元素。

5. 抗氧化成分

硒元素、类黄酮等抗氧化成分也可以减轻炎症反应时对身体组织造成的损伤。蔬果、豆类、全谷物、绿茶中都含有丰富的抗氧化成分。

最后，要警惕两点：酒精和香烟。酒精代谢会消耗维生素，降低营养素的储备。这可不同于75%的消毒酒精，血液中酒精浓度不到1%时就已经造成酒精中毒，不可能达到"消毒"的效果。另外，最新研究证实吸烟可能增加病毒感染风险。所以不要以防病毒为借口而纵容自己吸烟。合理的膳食营养、充足的睡眠、适当的运动和管理好情绪让我们每个人都能拥有良好的抵抗力和自愈力，从容"应战"。

脱离流程讲营养调理，就是唬人

营养就像医生开的处方药一样，也得"对症下药"。大众营养和临床营养的区别就像是对待朋友和家人的建议和对待私人医生的建议一样。大众营养就是那个告诉你"每天吃五颜六色的食物，保持健康生活方式"的朋友，而临床营养则是那个会问你"最近是不是感觉头晕，肚子疼？"的私人医生。总的来说，大众营养的目标是让你有个"健康快乐"的生活，而临床营养则是帮你"解决"那些让你头疼的健康问题，给自愈力"打补丁"。

营养师在确定个人的营养需求时，通常需要经历病史收集、营养评估、营养诊断、营养介入和持续监测与评估等一系列制法。他们会依据这些信息为个体制订相应的营养计划并提供营养干预措施。临床营养的目标是通过营养疗法改善患者的病症状况和预后，进而提升他们的生活质量和健康水平。

然而，要做好临床营养并非易事。除了需要深厚的营养学知识，营养师还需要掌握临床医学的知识和实践经验，全面了解患者的疾病状况，并不断调整和优化营养干预方案。尽管临床营养的挑战重重，但其带来的效果也是极为显著的。在许多疾病的治疗过程中，营养治疗已经成为一种重要的辅助治疗手段。

总的来说，公众营养和临床营养都拥有其独特的价值。前者是普及营养知识和培养健康生活习惯的关键，而后者则是治疗疾病和提升生活质量的重要手段。我们需要理解两者之间的差异，并根据不同的情况选择最适合的策略。

美国营养与饮食学会（Academy of Nutrition and Dietetics，AND）

开发的一套营养诊疗流程。这套流程的主要目的是有针对性地管理客户和患者，并且能够快速、顺利地完成营养目标。它有益于对患者营养状态的判断，并且有利于营养专业

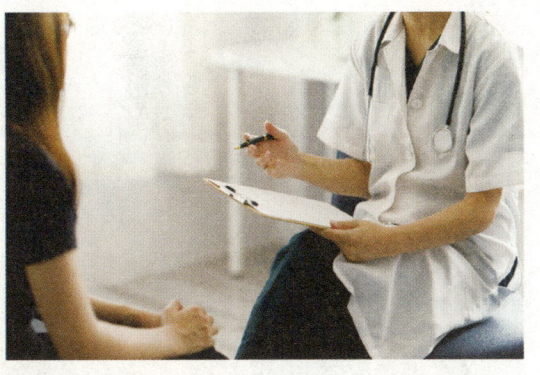

人士之间的沟通。现在世界上很多国家和地区都在使用这种方法，来给患者进行个体化、精准化的营养诊疗。

营养诊疗流程一共包括四个制法：营养评定、营养诊断、营养干预、营养监测与效果评价。

第一制法：营养评定

营养评定的关键细节包括患者的饮食习惯、食物喜好、饮食禁忌、日常活动、睡眠状况和心理状态等。这些元素对营养的诊断和调整都极为重要。只有全面了解并深入研究患者的状况，我们才能确定营养干预的方向和目标，从而制订出个性化的饮食计划和治疗方案。

第二制法：营养诊断

营养诊断是在营养评估的基础上进行的，它通过综合分析患者的营养状况，确定患者所处的营养健康问题和目标。在这个过程中，营养专业人员需要根据各种疾病和患者不同的情况，选择合适的诊断标准和诊断工具。例如，他们可能会评估患者的营养状况、饮食摄入、消化吸收、代谢和复原等方面的指标，以确定患者的营养诊断，如能量不足、蛋白质不足、贫血等。

第三制法：营养干预

营养干预是营养医疗过程中的关键制法，它是实施营养治疗的重

要环节。在这个过程中，营养专家需要依据患者的诊断结果，制订科学合理的营养处方和饮食计划。他们可能会选择使用营养补充剂、药物或其他营养辅助疗法来帮助患者恢复并维持良好的营养健康状况。

在制订营养干预方案时，需要考虑患者的个体差异，包括年龄、性别、生理期、活动量和疾病状况等因素。同时，也需要考虑到患者的经济状况、文化背景和饮食习惯，以确保制订的营养介入计划既实际又易于接受。

第四制法：营养监测与效果评价

在实施营养干预之后，我们必须进行营养监测和效果评估。这些监测的内容包括饮食的摄入、身体的各方面指标，以及生化的数据等，同时我们也需要评价患者对营养干预的接受程度、满意度以及生活质量等各个方面的影响。通过营养监测的结果，营养专家能够对干预方案进行及时的调整和优化，从而进一步改善患者的营养状况。

营养诊疗流程以逐步推进、全面系统的方式进行，这保证了营养专家在制订营养干预方案时，能够进行深入的分析和周全的考虑。这种方法保证了干预方案的科学性和合理性。此外，这个流程使用统一的定义和术语，使得不同专业的营养学家能更有效地进行沟通，提升沟通的效率和准确性，同时也促进了他们之间的学习和交流。

对于普通人来说，理解营养诊疗流程有助于他们更科学地进行健康管理。他们可以了解自己的营养状况，自我评估是否存在营养不良的问题，并及时进行调整和改善。对于有疾病的人来说，了解营养诊疗流程还可以帮助他们更好地与医生沟通，配合医生的治疗方案，从而获得更好的治疗效果。

第二章

癌症的预防与疗愈都离不开吃

吃这些食物，小心癌症离你越来越近

癌症是怎么来的？经常有患者在刚被诊断出癌症时，会深感自责："唉！就怪这段时间吃太多垃圾食品。""唉！就怪这段时间工作太拼太劳累。"

言外之意是，他们认为这个癌症是最近才得的。事实上，癌症并不是一夜之间形成的。在明确诊断为癌症之前，从最初的发生开始，癌细胞已经在体内生长了很长时间。癌症的发生、发展到长成"可见"的癌症（可诊断出的癌症）需要好些年，甚至十几年或几十年……

吃太多垃圾食品，工作太拼太劳累，自愈力就这样被毁了，患癌症的风险也就大大增加。很多食物看似是"美味"，实则是"致癌

物"，是在给免疫力"拆台"。接下来就为大家介绍一下哪些饮食会增加患癌的概率。

1. 腌制食品

腌制食品，如咸鱼和腌菜，在加工过程中通常会加入大量的盐，其中包括亚硝酸盐和硝酸盐等。然而，在腌制过程中，这些食品容易被细菌污染。如果加盐量低于 15%，蔬菜中的硝酸盐可能会被微生物还原成亚硝酸盐。经过 1 小时的腌制后，亚硝酸盐的含量会增加，而在两个星期后达到高峰，并持续 2 至 3 个星期。食用这样的腌制食品可能会导致亚硝酸盐在人体内与胺类化合物结合，生成亚硝酸胺，这是一种致癌物质。

2. 烟熏食品

在食品检测中，我们发现"3，4-苯并芘"（又称苯并 [a] 芘，非专业者也常称苯并芘）含量较高的食品多为烟熏和烘烤制品，这种物质是一种致癌物。烟熏食品是指将调味料腌制过的食物，如鱼、豆腐、鸡、鸭等，用燃烧的木屑、花生仁壳等产生的烟雾进行熏烤。这样做可以减少食物中的水分，有利于保存，并且可以增加食物的风味。虽然熏制食品味道非常好，但长时间食用对人体的危害还是比较大的。

烟是有机物燃烧不完全的产物，里面除了有碳粒之外，还有氮氧化物、硫化物、氧化物、醛、多环芳烃类等有害物质，烟熏的过程中肯定会对食物的表面造成污染，还可能会渗透到食物内部。

3. 油炸食品

食物经过高温处理之后不但会破坏里面的营养物质，还会在油炸的过程中产生致癌物——丙烯酰胺，它是一种致癌物。油经过反复使用之后会产生多种对人体有害的有毒物质，而且有一定的致癌性。

4. 烧烤食品

在烧烤过程中，肉类食物中的核酸物质会与多数氨基酸发生美拉德反应，产生具有致癌性的突变物质。此外，长时间处于烧烤环境中的人可能会通过皮肤、呼吸道和消化道等途径摄入这些致癌物，从而增加患癌症的风险。值得注意的是，烤肉时肉在高温下滴油，脂肪焦化产生的聚合反应会与肉类食物中的有毒蛋白质结合，生成具有强致癌性的苯并 [a] 芘，并附着在食物表面。

5. 发霉、变质的食物

霉变的食物不但营养价值降低，还会产生真菌毒素，如黄曲霉毒素，会损害肝脏功能，而且有强烈的致畸、致突变作用，诱发肝癌，还会诱发骨癌、肾癌、直肠癌、乳腺癌、卵巢癌等。

膳食平衡，不能只是随口说说

膳食平衡的观念你是否了解？大家或多或少都了解一点"平衡膳食宝塔"，主旨就是膳食平衡，营养均衡。膳食平衡其实换言之是营养均衡，就是各种营养素都不能缺，但也不能多。

在《黄帝内经》中提到："五谷为养，五果为助，五畜为益，五菜为充，气味合而服之，以补精益气。"这段话强调了食物的多样性对身体的重要性。癌症患者同样需要遵循这一原则，通过合理搭配各种食物来保持身体健康。我们身体健康的人，更需要做到膳食平衡，身体什么都不缺，自愈力也就强，生病的概率也会降低。

1. 五谷平衡

何为五谷？《黄帝内经》中认为五谷即粟（小米）、麦（小麦）、稻（大米）、黍（黄米）、菽（大豆）等谷物，是人体的主要

能量来源，主要为人体提供糖类，其次是植物蛋白质，除豆类外，其他谷物的脂肪的含量都很低。谷物和豆类同食可以营养互补，提升双方的营养价值。对于癌症患者来说，五谷的摄入是非常必要的。

2. 五果不少

五果是指桃、梨、杏、李、枣、栗子等多种鲜果、干果和坚果，五果之中富含维生素、微量元素、食物纤维，坚果之中还富含蛋白质和脂肪。鲜果类最好生吃，以确保其中的维生素不被破坏；而坚果类最好熟吃，为人体补充植物蛋白质和不饱和脂肪酸等营养物质。因此，五果也为膳食平衡中不可或缺的辅助食品。

3. 五畜有取舍

五畜是指牛、犬、羊、猪、鸡等，可以增补五谷主食营养的不足，为平衡膳食的主要辅食。动物性食物中富含蛋白质、脂肪以及多种人体必需的氨基酸，可以维持人体正常的生理代谢，提升机体免疫力。所以，癌症患者适当吃肉是有助于自身修复的。

4. 五蔬食全

五菜是指各类蔬菜，可以营养人体、充实脏气，让身体中的各种营养变得完善而充实。蔬菜中富含各种维生素和膳食纤维，膳食纤维有提升食欲、增强饱腹感、助消化、补充营养、预防便秘、降低血脂、降血糖、防癌变等作用，可促进癌症患者康复。

　　我们在前面已经提过，癌症是由长时间多种危险因素积累导致的，如果长时间只吃某一种食物，也会增加身体的某种危险。因此，从饮食上预防癌症，学习如何合理饮食很重要。我们需要把握好饮食的"度"，既不偏食某一种食物，也不完全远离某一种食物，只有均衡饮食。

　　无论是癌症患者还是健康人都应做到膳食平衡，五谷杂粮、鱼肉蛋奶、干果等均吃，每天变着花样吃，吃多种果蔬，注意低脂肪、高纤维食物的摄入，同时避免吃过咸、烟熏、腌制食品以及酒精的摄入。

简单易学的"抗癌"彩虹饮食法

　　在上一节，我们主要谈的是膳食平衡、营养补充对防癌控癌不可忽视的作用，话说回来，这些其实都是在阐述健康饮食的理念。

　　不光是传统中医，西方现代营养学也有着异曲同工的理论，也给出了具体的饮食方式。

不少癌症患者都有一些饮食限制、禁忌。本节我要介绍的却是一种全新的饮食方式，它不仅让你的饮食有了多样性，而且还能令人胃口大开。更重要的是，这种饮食方式还能帮助你预防慢性病和心血管疾病，降低肿瘤风险。这就是"彩虹饮食法（Rainbow Diet）"的魅力所在！

我们常常知道要保持饮食多样性，但在实际操作中，我们往往会为如何搭配各种食材而烦恼，同时也担心是否能得到全面的营养。而彩虹饮食法正是为了解决这些问题而设计的。

让我们来谈谈彩虹饮食法。这是美国癌症协会（ACS）推荐的一种饮食方式，他们将蔬果按照颜色分类为绿、红、黄、黑、白。不同颜色代表着不同的植物营养素和相应的保健作用。在确保摄入足够数量的各类蔬果的同时，我们还需要尽可能地搭配出五种颜色的菜肴。

据美国癌症研究所（AICR）的调查显示，自20世纪以来，死于癌症和慢性病的美国人一直在增加。而其中，有60%的发病因素取决于个人的生活方式，其中最重要的就是饮食。

当美国人看到这些数据时，他们感到恐慌。研究机构表示，为了保持健康，人们应该吃丰富多样的食物，这也符合ACS推广的彩虹原则。因为这种饮食营养均衡，能提供足够的抗病因素。耶鲁大学

的肿瘤专家 Deanna Minich 曾经建议为癌症和慢性病患者制订彩虹饮食。很多心理学家发现，彩虹饮食能够激发孩子对食物的兴趣，从而减少青少年厌食症的发病率。

在《中国居民膳食指南》中，建议每个人每天至少摄取 300 ～ 500 克的蔬菜和 200 ～ 350 克的水果。而根据彩虹饮食法，我们要在保证膳食均衡的前提下，尽可能吃够 5 种颜色的果蔬。简单来说，就是要做到种类多、颜色多、相同颜色换着吃。

1. 绿色

在深入研究后，我们发现绿色蔬菜和瓜果对人体健康有着诸多益处。这些食物包括芹菜、青瓜、菠菜、青椒、空心菜、绿豆等。研究表明，它们能有效减轻和消除各种毒素对肝脏的损害，

从而促进新陈代谢和消除疲劳。此外，绿色蔬菜和瓜果中含有丰富的纤维素，能够有效清理肠道，预防便秘，降低直肠癌的发病率。经常食用绿色蔬菜还有助于维持身体的酸碱平衡状态，从而在很大程度上降低癌症的发生风险。

2. 红色

红色是番茄、桑葚、大枣、猪肉、山楂、草莓等食物的主色调。科学研究揭示，红色食品富含番茄红素、胡萝卜素、铁和部分氨基酸，它们是优质蛋白质、碳水化合物、膳食纤维、B 族维生素和多种无机盐的重要来源。这些食物含有大量抗氧化剂，能够降低患病的风险。中医认为，这些食物具有健脾益气、滋阴养血的功效，可用于治疗恶性肿瘤所致贫血或调整放化疗后的体虚。

3. 黄色

在我们的生活中，豆制品、黄色的水果和蔬菜，以及蛋类都是我们日常饮食的重要组成部分。科学研究发现，黄色的果蔬富含维生素 A、维生素 D、纤维

素、果胶等营养成分，它们能有效排除体内的细菌毒素和其他有害物质。同时，它们还能保护我们的胃肠黏膜，防止食管癌、胃癌、肠癌等疾病的发生。

4. 白色

白色是自然界中一种广泛的颜色，你可以从许多食物中找到它的身影，比如大米、白薯、山药、白萝卜、白木耳、鱼肉、鸡肉和茭白等。这些食品富含淀粉、糖分、蛋白质等营养物质，是我们日常饮食的重要组成部分。它们为我们的身体提供了丰富的营养，有助于提高免疫力，防止疾病的发生。

5. 黑色

黑色食物，诸如乌骨鸡、甲鱼、墨鱼、黑芝麻、黑豆、黑糯米、香菇、黑木耳、黑米、黑麦、紫米、黑荞麦和紫菜等，都被现代医学证实具有多种保健功效。这些食品不仅营养丰富，而且具有补肾、防止衰老、保健益寿、防病治病以及乌发美容等独特作用。多项研究已经证明，黑色食品的保健效果不仅与其所含的三大营养素、维生素和微量元素有关，还与其所含的黑色素类物质的特殊作用密切相关。例如，黑色素具有清除体内自由基、抗氧化、降低血脂、抗肿瘤以及美

容等多种功能。

　　我相信彩虹饮食法对于预防肿瘤有一定的帮助，同时也增加了肿瘤患者的食物多样性。但是我要再次强调，不要对某些食物偏食，过分强调忌口。此外，仅凭食物治疗肿瘤效果有限，肿瘤患者使用食疗抗肿瘤时，必须有正确有效的抗肿瘤治疗作为基础。在选择食疗时，应在医生的指导下合理选择食物和药材，避免与治疗性药物产生不良反应，影响疗效，事与愿违。

癌症诱发的疼痛症状怎么吃

　　癌症的诱发证有很多，癌性疼痛是其中之一。癌性疼痛是由于疼痛部位需要修复或调节的信息传递到神经中枢后产生的感觉，它是导致晚期癌症患者主要痛苦的原因之一。在疼痛患者中，由于各种原因，50% ~ 80%的疼痛没有得到有效的控制。根据世界卫生组织的报告，全球每天有 350 万至400 万的癌症患者正在忍受

疼痛的折磨，其中超过半数的人承受着中度或重度的疼痛。

以下几类疼痛在肿瘤患者中都是较为常见的：

1.肿瘤破坏组织引起：当肿瘤开始破坏组织时，患者就会感到疼痛。如果肿瘤侵犯到胸膜、腹膜或神经，或者侵入骨膜和骨髓腔，导致压力上升甚至发生病理性骨折，疼痛就会加剧。例如，肺癌侵犯胸膜会导致胸痛，肺尖部的肿瘤侵犯臂丛会引起肩臂疼痛。脑肿瘤的压迫会导致头痛和脑神经痛，鼻咽癌颈部转移会压迫臂神经丛或颈神经丛，引发颈、肩、臂痛。腹膜后肿瘤压迫腰、腹神经丛则会导致腰、腹疼痛。

2.内脏器官蠕动阻塞：当内脏器官被肿瘤阻塞时，人们会感到不适和痉挛。如果完全阻塞，疼痛会剧烈到让人无法忍受，比如胃、肠和皮肤癌等。乳腺癌转移到腋窝淋巴结时，会压迫腋淋巴和血管，导致患肢手臂肿胀和疼痛。当张力原发和肝转移肿瘤迅速生长时，肝包膜会被过度伸展和绷紧，引发右上腹的剧烈胀痛。如果肿瘤溃烂并长时间不愈合，就可能会感染，引发剧痛。

3.癌症治疗过程：在癌症治疗过程中，患者常常会遭受各种疼痛的困扰。这些疼痛包括放射性神经炎、口腔炎、皮肤炎和放射性骨坏死等。放化疗后，患者可能会出现带状疱疹，引发剧烈的疼痛。此外，化疗药物可能会渗漏出血管，导致组织坏死；化疗还可能诱发栓塞性静脉炎和中毒性周围神经炎。乳腺癌根治术中，如果损伤了腋淋巴系统，患者的手臂可能会出现肿胀和疼痛。手术后，切口处的癌痕、神经损伤和患肢痛也常常让患者痛苦不堪。

4.肿瘤间接引起的疼痛：此类疼痛包括衰竭患者的压疮，机体免疫力低下都会导致局部感染，进而出现疼痛。此外，还包括前列腺、肺、乳腺、甲状腺癌等出现骨转移诱发的剧烈腹痛。

利用饮食的调节修补人体的自愈力，不仅可以预防肿瘤的出现，还能减轻癌痛。因为通过饮食调节可以避免有害因子继续伤害身体，给体质"打补丁"，增强身体的抵抗力，固本培元，有利于机体脏腑阴阳气血的平衡，从而消除癌痛的病理基础。

从中医的角度来看，食物的性质和味道各不相同，就是我前面提过的"四性五味"，它们对人体内部器官的影响也各有差异。因此，癌症患者在饮食上应避免食用过热或煎炒的食物，同时还需要根据他们的病情来选择不同性质和味道的食物，以便进行个性化的饮食调理。

例如，对于热性体质的癌症患者，如果他们的疼痛症状严重，可以选择一些具有清热解毒功效的食物，如绿豆、白萝卜、竹笋和甘草等；而对于寒性体质的癌症患者，如果他们的疼痛症状严重，则可以选择一些温性食物，如生姜、海参、橘子和荞麦等。接下来，我将为癌症患者推荐几款能够缓解癌痛的食疗方。

1.土茯苓郁金蜜饮

材料：土茯苓，郁金，蜂蜜。

制法：先将土茯苓、郁金分别拣杂，洗净，晒干或烘干，切成片，同放入砂锅，加水浸泡片刻，浓煎 30 分钟，用洁净纱布过滤，去渣，收取滤汁放入容器，温热时调入蜂蜜，拌和均匀，即成。

食用方法：早晚 2 次分服。

功效：土茯苓性平味甘淡，有解毒、除湿等功效；郁金味辛、苦，性寒，为中医传统活血行气之要药，本品味辛而散，既能活血，又能行气，与土茯苓、蜂蜜配伍的本食疗方，对肺癌所致血瘀气滞之胸脘胁肋疼痛有较好的辅助治疗作用。

2.四香苦瓜止痛粉

材料：木香 10 克，沉香 2 克，丁香 6 克，香附 10 克，苦瓜 100 克。

制法：先将苦瓜洗净外表皮，连皮、瓢及子，切碎后晒干或烘干，研成极细末，备用。将木香、香附、沉香、丁香分别拣杂，木香、香附洗净后，晒干或烘干，与晒干的沉香、丁香共研成细末，再与苦瓜细末充分混合均匀，将所得的止痛粉分装成 3 包，即成。

食用方法：每日 3 次，每次 1 包，温开水送服。

功效：苦瓜又名"癞葡萄"，系葫芦科植物，是我国人民喜食的传统果蔬。近年来，医学科学家们发现，苦瓜中的蛋白质类成分有提高人体免疫功能、增强免疫细胞歼灭入侵之敌的能力。有资料报道，美国科学家将苦瓜蛋白质注入已患淋巴癌的实验鼠体内，实验动物鼠竟能奇迹般地长期生存。本食疗方组方中的木香、沉香、香附均为行气消胀、解郁止痛的理气药，加上芳香健胃的丁香，与苦瓜配伍所得的止痛粉，独具缓解胃脘胀痛、减轻恶心呕吐、增强消化能力等功效，不仅可行气止痛，而且可增强抗癌疗效。

3.香附豆根牛肉粥

材料：香附、山豆根各10克，白芍、防己各15克，半枝莲20克，鲜牛肉50克，小米150克，姜、葱、香油、盐少许。

制法：将上述中药用纱布包成小包，牛肉切成小肉丁与小米同放入锅内加水适量煮粥，待粥熟后加作料再稍煮沸即可。

食用方法：每日早晨趁温热服食。

功效：能滋养气血，抗癌止痛。

4.土茯苓猪肉汤

材料：土茯苓500克，猪肉适量

制法：将土茯苓洗净之后和猪肉一同放入锅中熬汤，炖至肉烂，1天内吃完。

功效：土茯苓有解毒、除湿、止痛、利关节之功，研究表明，土茯苓还有一定的预防肝癌之功。

通过辨证食疗缓解放化疗的不适

在现代医学中，化疗和放疗是对抗癌症的重要武器。然而，这两种治疗方式的不良反应，一直是患者和医护人员深感困扰的问题。多年的临床实践已经证明，药膳食疗可以有效地缓解这些不良反应。它能够调整身体的生理功能，消除不良反应，使患者的阴阳平衡得以恢复，术后体力也能尽快恢复，而且这种方法更安全。

化疗药物通常具有明显的毒性，对患者的进食产生严重影响。由于患者患病导致能量消耗增加，如果不重视加强营养补充，很容易导致严重的营养不良，从而难以继续接受化疗，甚至可能导致中途退出治疗，使病情恶化。因此，在化疗期间，癌症患者应尽一切可能加强营养。

由于化疗期间患者常常食欲不振，很难大量进食，因此需要采取少食多餐的方式，确保摄入营养丰富且全面的食物，并尽可能选择容易消化吸收的食品。

在化疗期间，患者可能会遭遇多种不良反应。这些反应通常可以归纳为三大主要类型。因此，患者应根据自身的病症选择适合自己的食疗方案。

一、脾胃虚弱肝胃不和型

脾胃虚弱肝胃不和型主要表现为食欲不振、恶心呕吐、脘腹胀满、两胁疼痛、腹痛腹泻、倦怠乏力等症状。在胃癌、肝癌等放化疗中，这些症状较为常见。

治疗时，主要采用益气健脾、和胃降逆的方法。常用的食疗方有以下几种：

1.姜夏薯蓣(山药)粥

材料： 半夏 10 克、干姜 10 克、山药末 50 克。

制法： 将半夏、干姜加入适量水中煎取清汤，去渣后加入山药末，再煎二三沸，加入适量白糖即可食用。

> **功效：** 在方中半夏、干姜有和胃、降逆、止呕之功效，山药具有健脾、补肺、固肾、益精等功效，其甘甜药性可直接入中焦，补脾胃，偏润，有助于滋润脾胃功能。适用于胃寒呕吐或有腹泻表现的患者。

2.橘皮竹茹粥

材料： 橘皮 10 克、竹茹 10 克、鲜姜 6 克、粳米 100 克。

制法： 将竹茹、橘皮、鲜姜加入适量水中煎煮取其清汁，再加入粳米煮粥，粥熟后可加入适量冰糖。

> **功效：** 橘皮（陈皮）和竹茹有降逆、和胃、止呕的功效，鲜姜性温具有解表散寒、温中止呕。适用于偏胃热呕吐者。

3.羊乳竹沥饮

材料： 羊乳 1 茶杯（约 200 克）、竹沥水 50 克、蜂蜜 50 克、韭菜汁 50 克。

操作方法：先煮羊乳至沸，再加入竹沥水、蜂蜜、韭菜汁，调匀后待温频频饮用。

功效：降逆止呕，清热化痰，健胃消食。适用于胃阴不足引起的恶心呕吐。

4.山楂二芽粥

材料：炒山楂10克，炒麦芽10克，炒谷芽10克，陈皮10克，生姜10克，水、粳米或小米各100克。

操作方法：将上述材料煎取清汁，加入粳米或小米煮粥。

功效：此粥中山楂、麦芽消食行气；陈皮和胃止呕；鲜姜温中止呕；适用于呕吐伴消化不良或食纳不振者。

在临床辨证施治时，常用香砂六君子汤、半夏泻心汤等加减治疗。上述方中陈皮、半夏、生姜、干姜、竹茹、萝卜均有和胃、降逆、止呕之功效；人参、茯苓、白术、甘草的功能为益气健脾；黄连、黄芩可清解胃热。此外，枇杷叶、竹茹、藿香、苏梗、砂仁、白蔻仁、山楂、神曲、炒麦芽、炒谷芽、枳壳、厚朴等多随症加减。胃阴虚者改用益胃汤、麦门冬汤加减。

经过多年研究证明，肝癌放化疗引起的各种反应可用半夏泻心汤合小柴胡汤，或逍遥散与四逆散治疗，可缓解肝区疼痛、减轻呕吐、增进食欲，并有一定抑制肝癌细胞增殖等作用。

二、气虚血亏心神不宁型

气虚血亏心神不宁型的主要症状包括食欲不振、疲倦乏力、精神萎靡、心悸失眠、头昏头晕、自汗盗汗、阳虚低热、皮肤干燥、毛发脱落，以及白细胞或血小板减少，可能出现贫血、低蛋白血症等。

治疗此类症状的方法主要是益气养血、养心安神。以下是一些常用的食疗方：

1.参芪大枣粥

材料：黄芪 15 克、粳米 100 克、大枣 10 枚、人参末 6 克或是党参 15 克。

制法：将黄芪加水适量煎取清汁，与粳米、大枣（洗净）共煮粥。粥基本熟软时，兑入人参（或用党参），与黄芪共同入煎再煮至粥完全熟软，待温食粥。

> **功效：**适用于疲倦乏力、精神萎靡、头昏头晕的患者，每日 1 剂。

2.百合小米粥

材料：炒枣仁 10 克、百合 10 克、去芯莲子 15 克、小米 80 克。

制法：炒枣仁用干净纱布包煎，与百合、去芯莲子、小米一同煮粥。待小米完全开花时，取出枣仁药包，再将粥煮至完全熟软，食粥。

> **功效**：炒枣仁、去芯莲子、百合可以清心安神，小米补脾胃、安神，此粥适用于脾胃阴虚伴失眠的患者。

3.牛乳洋参饮

材料：牛乳（或羊乳）250 克，西洋参适量，蜂蜜 50 克。

制法：将牛乳、西洋参、蜂蜜共兑调匀，煮沸温服。

> **功效**：此饮补气滋阴，适用于气阴两虚者。

4.参枣阿胶粥

材料：人参细末 5 克，阿胶 10 克，大枣 10 枚，带红皮花生仁、粳米 100 克。

制法：阿胶打碎后烊化备用。大枣、花生仁（带红皮）加水适量，与粳米共煮粥。至粥基本熟软时，将阿胶汁和人参末加入粥中，再煮数沸，待温食粥。

> **功效**：适用于气血两虚者，白细胞和血小板减少的患者效佳。

5.参归生地粥

材料：当归 12 克，生地黄 15 克，粳米 100 克，大枣 10 枚，枸杞子 15 克，人参末 6 克。

制法：将生地黄、当归加水适量煎水取汁，与粳米、大枣、枸杞子共煮粥。粥基本熟软时，加入人参末，粥熟食粥。

> **功效**：适用于气血双虚的患者，症见皮肤干燥、毛发脱落、头昏头晕。

在中医治疗中，我们通常会选择人参归脾汤、人参养荣汤、十全大补汤、补中益气汤、芎归胶艾汤等方剂。这些方剂中的主要成分如人参、黄芪、大枣等，具有益气健脾、强壮身体的作用；而生地黄、当归、阿胶、百合等则有助于滋阴养血。此外，酸枣仁等成分还具有宁心安神的功效。

研究表明，人参、黄芪、当归、阿胶等成分对于增强机体的免疫和抗病能力，改善气虚和血虚症状，提高白细胞和血小板的数量、纠正贫血，增强防癌抗癌能力，以及提高生活质量等方面都具有显著的效果。

三、肝肾阴虚虚火上炎型

肝肾阴虚虚火上炎型主要症状包括头晕目眩、骨蒸盗汗、咽干口燥、耳鸣耳聋、腰膝酸软、毛发干枯、牙齿不固、阳痿遗精等。此外，患者还可能出现舌红少苔、脉搏细数以及肝肾功能障碍等症状。

针对这种病症，中医治疗的原则是补益肝肾、滋阴降火，帮助患者调理身体，缓解症状，并促进康复。为了达到这一目的，可以采用以下食疗方。

1.枸杞熟地粥

材料： 熟地黄 15 克，杜仲 12 克，粳米 100 克，枸杞子 15 克。

做法： 将熟地黄和杜仲用纱布包煎，与粳米、枸杞子一起加入适量的水共煮粥。当粥半熟时，去掉药包，继续煮至粥熟软。待粥温后食用。

功效： 适用于肾虚腰痛、头晕目眩的患者。

2.蜂蜜五仁膏

材料： 郁李仁 10 克，核桃仁 30 克，柏子仁 10 克，桃仁 10 克，松子仁 10 克，陈皮 10 克，蜂蜜 100 克。

做法：将郁李仁、核桃仁、柏子仁、桃仁、松子仁和陈皮捣成泥状，加入蜂蜜 100 克，用微火共炼为膏。

功效：此膏补益肝肾、润肠通便，适用于肝肾阴虚导致便秘的患者。

3.生地旱莲饮

材料：生地黄、旱莲草各 15 克，山萸肉 10 克，山药 15 克，白花蛇舌草 30 克，白糖适量。

做法：将生地黄、旱莲草、山萸肉、山药和白花蛇舌草加水适量煎汤去渣，加入适量的白糖冲服。

功效：具有补肝益肾和抗癌之效。

4.首乌黄精粥

材料：何首乌 10 克，黄精 30 克，粳米 100 克，薏苡仁 30 克，山药末 30 克。

做法：将何首乌和黄精加水适量煎取清汁，与粳米、薏苡仁一起共煮粥。当粥熟软时，加入山药末再煮数沸。待粥温后食用。

功效：适用于脾肾两虚，症见疲倦乏力、毛发干枯的患者。

5.梨藕五汁饮

材料：梨 500 克，甘蔗 500 克，麦冬 20 克，荸荠 250 克，鲜藕 500 克。

做法：将梨、甘蔗、麦冬、荸荠和鲜藕榨汁，频频饮服。

功效：适用于肺胃阴虚，症见虚火上炎、咽干口燥者。

防癌抗癌"以素为主，以荤为辅"

　　美国康奈尔大学的研究学者、教授坎贝尔做了一项实验，他与他的助手选取了两组癌症病灶细胞，其中一组在培养液中加入了 20% 的蛋白质，主要成分是酪蛋白；而另一组则是在 5% 的蛋白质培养液中，酪蛋白同样作为主要成分。实验结果揭示，第一组的癌症病灶细胞反应极其强烈，这意味着高浓度的蛋白质能够促进癌症病灶细胞的生长。相对的，第二组的反应较弱，它们并未显示出任何促进癌症发展的能力。

　　这项研究发现，当人们摄入的蛋白质含量达到或超过动物生长发育所需的水平时，可能会导致癌症的发生。通过调整蛋白质的摄入量，可以有选择地激活或抑制癌症的发展。这种作用与癌症的发展阶

段无关，也与解除致癌物质的程度无关。

在实验中，所有参与的实验动物都首先接触到了一定剂量的致癌物质。在接下来的 12 周里，这些动物会按照既定的顺序，分别接受含有 20% 或 5% 蛋白质的饲料，这 4 个阶段的周期被设定为 3 周。

具体来说，第一阶段（第 1 至 3 周）和第二阶段（第 4 至 6 周）的动物会喂食含有 20% 蛋白质的饲料。然而，当进入第三阶段（第 7 至 9 周），动物们的饲料会被调整为低蛋白。令人惊讶的是，这种变化会导致病灶细胞团的数量迅速下降。然而，当阶段推进到第四阶段（第 10 至 12 周），再次提供含有 20% 蛋白质的饲料后，病灶细胞团的数量又开始上升。

在另外的一组实验中，在第一阶段，所有的动物都吃的是含有 20% 蛋白质的饲料。到了第二阶段，他发现病灶细胞团的数量开始迅速下降。然后，在第三阶段，当动物再次开始吃含有 20% 蛋白质的饲料时，他发现病灶细胞团的数量又开始上升。这个实验表明，膳食中的蛋白质可以促进癌细胞的生长。

这个实验的结果揭示出，病灶细胞的发育能通过不同剂量的蛋白质进行调节，甚至可能出现逆转的情况。这进一步证实了饮食中蛋白质含量的变化与癌症细胞数量的增减有关：蛋白质摄入量增加时，癌细胞的数量会增加；反之，则会减少。因此，我们得以认识到癌症的确有可能通过调整饮食来逆转。此外，动物性蛋白质被证实是引发癌症的主要诱因。

根据研究结果，僧侣和尼姑患癌症的比例相当低。对此，何裕民教授进行了深入的分析，他认为这可能与他们长期保持平静和清净的心态有关，同时也可能与他们的素食习惯有关。

实际上，英国研究人员在调查饮食习惯与癌症关系时发现，素食者患血液型癌症的概率比肉食者低45%，患实体癌症的概率比后者低12%。他们对6.1万名英国男女进行了长达12年的跟踪调查，期间有3350人被诊断出癌症。其中，68%的人是肉食者，22.5%的人是素食者，9.5%的人仅吃鱼不吃肉。换言之，素食者患胃癌、膀胱癌等实体癌症的概率明显低于肉食者。

英国科学家的研究揭示，素食者和非素食者在肠道微生物菌群上存在显著差异。这些差异导致消化液与肠道微生物作用时产生的化学物质不尽一致，这或许解释了为何非素食者更易患癌症。

同时，苏格兰科学家的研究发现，多吃蔬菜和水果能摄入大量的水杨酸，而素食者血液中水杨酸含量相对较高。水杨酸具有降低心脏病和癌症发病率的作用。

因此，素食不仅是宗教信仰的选择，更是健康的选择，能降低癌症的发生风险。为了实现健壮的体格和营养平衡的目标，素食者还需要注意以下几个方面。

1. 膳食平衡

所谓的膳食平衡，就是要保证各种食物以及营养素之间的均衡，以满足人体的各种需求。我们的身体需要蛋白质、脂肪、糖类、维生素、矿物质、膳食纤维和水这七大营养素。在日常的饮食中，我们需要注重这些营养素的合理搭配，实现食物的多样性。通过合理的食物组合和互补，我们可以提升食物的整体营养价值。举个例子，豆类和谷类是很好的搭配，因为豆类缺乏蛋氨酸，而谷类缺乏赖氨酸，两者搭配食用可以互相补充，提高蛋白质的利用率。所以，建议素食者不要只吃一种食物，应该尝试各种不同的食物组合。

2. 蛋白质摄入要充足

乳蛋素食者能够从豆类和奶类中获取充足的蛋白质。而对于严格的素食者来说，他们应该多吃大豆制品，因为其中所含的蛋白质质量最优。

3. 注意矿物质、脂类的来源

动物性食品是铁和锌的优质来源。对于素食者来说，他们可以从豆类、坚果、种子以及大豆制品中获取所需的蛋白质、铁和锌。此外，素食者也可以通过摄取海带、芝麻、紫菜以及绿叶蔬菜来获取钙质。鱼类富含 w-3 不饱和脂肪酸，这些也可以从核桃和亚麻仁中找到。因此，通过食用豆类、坚果，素食者可以满足他们对脂类物质的需求。

4. 合理烹调

人体脂肪的缺乏会导致能量不足，同时也会引发脂溶性维生素和必需脂肪酸的缺乏。然而，即使摄入过多的植物油，过量的油脂摄入也可能对健康产生不利影响。因此，素食者必须确保每天的油脂摄入量适中，大约在 25~30 克之间。实际上，只要素食者注意食物的多样化，就可以避免营养素的缺乏。他们应该努力创新，以更多种方式烹饪素食，为自己的健康打下坚实的基础。

第三章

常见病饮食调理法

高血压引起的眩晕怎么办

高血压是指血液在血管中流动时对血管壁造成的压力值高于正常值，其是最常见的心血管疾病之一，也是导致脑卒中中风、冠心病、心力衰竭等疾病的重要危险因素。

根据中医理论，血压升高时的主要症状被归类为"眩晕"。眩晕的病因主要与情志不遂、年高肾亏、病后体虚、饮食不节、跌扑损伤以及瘀血内阻有关。病性有虚实两端，

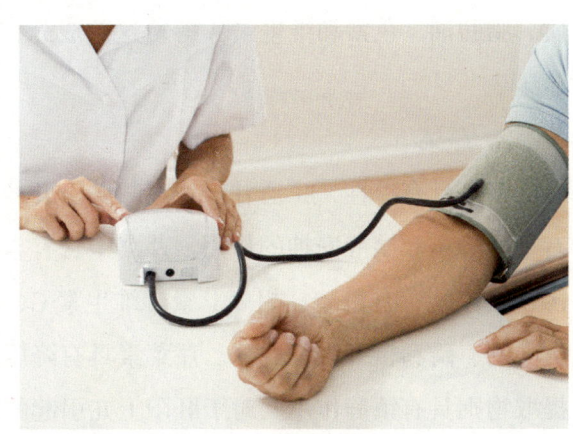

属虚者居多，虚者为髓海不足，或气血亏虚，清窍失养；实者为风、火、痰、瘀扰乱清空。

治疗高血压，应该尽量不去想"阳上亢"或"降压"二字，而尽量从病人有"虚"与"瘀"来着眼。否则一味地降压，则与西药降血压的后果相同，西药降血压的结果，阳气虚了就更容易发生气虚导致血瘀的后果，所以许多吃西药降血压的人，还是一样会中风脑卒中。

从病人有"虚"与"瘀"的角度给您推荐五种降压、改善眩晕的食物。

1. 决明子

决明子具有微寒的性质，味道甘苦，归肝经、大肠经的草药。近年来，决明子被广泛应用于高血压病的治疗，特别是对于肝阳上亢引起的头晕目眩症状。决明子中含有大黄酚、大黄素、大黄酸和决明素等成分，还含有黏液质、蛋白质、脂肪油、色素和维生素 A 等。这些成分有助于降低血清胆固醇和血压。

2. 芹菜

芹菜具有凉性，味道甘苦。它归属于肝经、胃经的蔬菜。芹菜具有平肝降压和镇静安神的作用。芹菜中含有丰富的芹菜素、挥发油、佛手柑内酯、有机酸、胡萝卜素、维生素 C、烟酸、多种氨基酸、糖类、钙、磷和粗纤维等成分。芹菜素具有降压作用，而芹菜的生物碱提取物则具有镇静作用。对于肝阳上亢引起的眩晕头痛和面红目赤等症状，芹菜有很好的效果。需要注意的是，由于芹菜中含有挥发油等成分，不宜久煎或久炒。

3. 天麻

天麻具有平性，味道甘甜。它归属于肝经的草药。天麻具有息风、平肝和止痛的作用。天麻中含有香荚醇、苷类、结晶性物质、生物碱和黏液质等成分。天麻具有镇静、镇痛、抗癫痫和促进胆汁分泌的作用。对于肝阳上亢引起的头痛和眩晕症状，天麻尤为适宜。

4. 桑葚

桑葚具有寒性，味道甘甜。它归属于肝、肾经的水果。桑葚具有滋阴补血、生津和润肠的作用。桑葚中含有丰富的活性蛋白、维生素、氨基酸、胡萝卜素和矿物素等成分。桑葚中的脂肪酸主要由亚油酸、硬脂酸和油酸组成，具有分解脂肪、降低血脂和防止血管硬化的作用。经常食用桑葚可以显著提高人体免疫力，并具有延缓衰老的功效。桑葚中还含有大量的水分、碳水化合物、多种维生素、胡萝卜素和人体必需的微量元素等，而且补而不腻，尤其适合高血压患者进行食疗。

5. 荸荠

荸荠具有寒性，味道甘甜。它归属于胃经的水果。荸荠具有清热化痰、开胃消食和生津润燥的功效。荸荠营养丰富，含有荸荠英、蛋白质、脂肪、粗纤维、胡萝卜素、B族

维生素、维生素C、铁、钙和碳水化合物等成分。其中，荸荠英对金

黄色葡萄球菌、大肠杆菌、产气杆菌和绿脓杆菌都有一定的抑制作用，并且对降低血压也有一定效果。

除了上面为大家推荐的蔬菜外，结合降压食疗养生方法，往往能够取得更好的效果。

以下是五种推荐的食疗方法：

1.石决明粥

材料：石决明 30 克，大米 100 克。

做法：将石决明清洗干净，放入锅中，加入适量清水，浸泡 5 ~ 10 分钟，然后水煎取汁，加入大米煮成稀粥即可。每天服用 1 次，连续 2 ~ 3 天。

功效：石决明具有平肝潜阳、清肝明目的功效，适用于肝阳上亢引起的眩晕头痛、烦躁易怒、目赤肿痛等症状。大米性平味甘，具有补中益气、健脾和胃的作用。两者合用对于治疗肝阳上亢引起的头痛眩晕尤为有效。

2.夏枯草瘦肉汤

材料：夏枯草 30 克，猪瘦肉 30 克，适量调料。

做法：将夏枯草和猪瘦肉放入锅中，用清水煮汤，待肉熟烂时去掉夏枯草，调味后即可食用。连续服用 3 ~ 5 次。

功效：夏枯草味辛苦，性寒。归肝胆经。具有清肝火、平肝阳、降血压的作用。对颈椎病肝阳上亢型引起的眩晕更有效。

3.天麻鱼头汤

材料：天麻 10 克，鳙鱼头 1000 克，川芎 1 克，茯苓 5 克，姜片 3 克，适量调味品。

做法： 将鳙鱼头洗净血水，然后将药物与鱼头一同放入砂锅，加入适量清水，先用武火煮沸，后用文火煲 1 小时左右，最后加入食盐、味精搅拌均匀即可。饮用汤液，食用鱼头。

功效： 天麻性味甘平，无毒。含有香荚兰醇、香草醛、维生素 A 类物质等成分。现代研究表明，天麻具有抗惊厥作用，并有止痛疗效。对天旋地转、目光发黑、头重脚轻等肝阳上亢和风痰上扰引起的眩晕最为适宜。鳙鱼俗称花鲢、黑鲢。《本草求真》说："暖胃，去头眩、益脑髓。"因此，凡体虚眩晕者宜食之。

4.山楂荷叶茶

材料： 山楂 50 克，荷叶 20 克。

做法： 将山楂、荷叶研磨成末，放入杯内，用沸水冲泡，代茶饮用。每日服用一次。

功效： 荷叶可治疗暑热烦渴、头痛眩晕，山楂具有活血化瘀、消导通滞、扩张血管的功效。适宜于瘀血头痛、眩晕者饮用。

5.三七香菜粥

材料： 三七 10 克，鲜香菜 50 克，粳米 50 克，适量红糖。

做法： 将粳米放入锅中，加入 500 毫升清水煮成稀粥，然后将三七、香菜洗净切碎放入粥中，用小火煮沸。调入红糖，待温服食。

功效： 三七具有解郁理气、活血降压的作用，粳米有助于保护胃气，香菜能醒脾健胃。适合头晕头沉、胸闷、面唇青紫有瘀血阻窍的眩晕患者食用。

　　高血压患者应以预防调护为主，适当锻炼以增强体质，保持情绪稳定，防止七情内伤。饮食应清淡有节制，避免暴饮暴食和过食肥甘厚味及过咸伤肾的食物。

糖尿病患者到底应该怎么吃

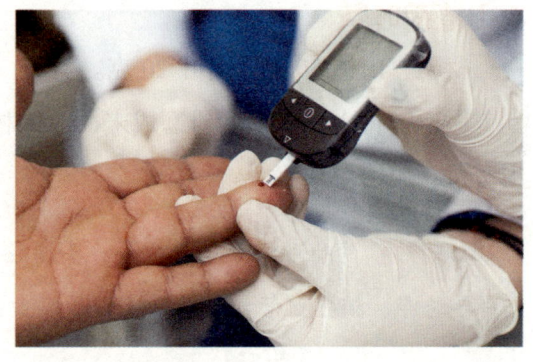

　　在日常生活中，我们不应将糖尿病的饮食治疗视为难题。从营养学的角度来看，只要我们理解并科学地搭配食材，了解食物的营养原理，考虑到这并不是一种病人的饮食，而是合理的、科学的选择食物，那么控制血糖就不再是一件困难的事情！接下来，我们为您介绍一些糖尿病患者饮食的"可与不可"。

1. 日常饮食技巧

　　糖尿病患者在日常生活中，经常会纠结于哪些食物可以吃，哪些食物不可以吃，哪些食物会导致血糖升高，哪些食物可以在保证营养的同时控制血糖。因此，我们将为您提供一些饮食上的小技巧：

　　A. 常吃五谷杂粮：可以选择全麦食品，它们含有丰富的微量元素，长期食用可以降低血糖和血脂。

B. 高纤维食物：如玉米、芹菜、韭菜、豆类、南瓜、竹笋等，这些食物可以促进机体的糖代谢，防止血糖吸收过快。富含高纤维的食品可以降低糖尿病患者的血糖，并增加饱腹感。

C. 糖低的蔬菜：如韭菜、西葫芦、冬瓜、南瓜、茄子、苦瓜、洋葱、香菇等。

2. 巧吃水果

水果中含有较高的果糖和葡萄糖，人体很容易消化吸收，这对糖尿病患者来说是非常不利的。但是，并不是完全不能吃水果，我们需要有技巧地选择性食用。患者可以根据自身情况，灵活选择，掌握适度原则，每日摄入量不得超过 200 克。

3. 少胆固醇

糖尿病患者应少吃脂肪含量高的食物，少吃动物内脏，少吃鸡蛋黄。因为高胆固醇的摄入会加重患者的病情。

4. 适当喝茶

研究表明，喝茶与糖尿病风险呈负相关。这里我们推荐绿茶，长期喝绿茶能有效预防糖尿病的发生。因为绿茶中含有多酚等抗氧化剂，可以促进新陈代谢，抑制淀粉酶将碳酸化合物转化为葡萄糖。

5. 戒烟戒酒

众所周知，很多糖尿病患者会吸烟、饮酒。但是我们知道吸烟对糖尿病的并发症，包括微血管病变、大血管病变、血糖升高都有影响。也许短时间内没有明显症状，但最终会出现血管的异常。且吸烟和饮酒对血管内皮的损伤也是很大的，空腹时大量饮酒，可能发生严重的低血糖，而且醉酒往往能掩盖低血糖的表现，不易被发现，非常危险。因此，我们建议糖尿病患者尽量不抽烟、不喝酒。

了解了糖尿病患者可以食用的食物后，我们来讨论一下他们应该避免的食物。

糖尿病患者应尽量避免以下食物：

高盐食品：过多的盐分摄入可能导致高血压，对糖尿病患者来说，控制血压同样重要。

油炸食品：这类食品中的反式脂肪酸和饱和脂肪酸可能会增加心血管疾病的风险，同时也不利于血糖的控制。

高钠低纤维饮食：高钠饮食可能导致水肿，而低纤维饮食可能导致便秘，这两者都可能影响糖尿病患者的健康状况。

高糖食品：糖尿病患者需要严格控制血糖，因此应避免摄入过多的糖分。

除了药物治疗和健康的生活方式，中医也推荐一些食材来辅助降低血糖。糖尿病常见辨证分型及推荐食疗药膳方：

1. 阴虚阳亢证

症状：烦渴多饮，随饮随渴，咽干舌燥，多食善饥，浚赤便秘。

舌脉：舌红少津苔黄，脉滑数或弦数。

推荐食疗药膳方。

（1）玉粉杞子蛋

材料：天花粉 10 克、枸杞 20 克、玉竹 10 克、鸡蛋 1 枚。

做法：将天花粉、枸杞、玉竹一同煎水，沥出，打入鸡蛋，蒸 10 分钟。

> **功效**：玉竹具有养阴润燥，生津止渴之功效。可缓解糖尿病引起的燥热咳嗽，咽干口渴，内热消渴。

（2）乌梅生津茶

材料：乌梅 10 克、麦冬 10 克。

做法：将乌梅、麦冬泡水当茶饮。

> **功效**：益气养阴，生津止渴，适用于阴虚阳亢证。

提示：阴虚阳亢证糖尿病患者主食以荞麦面粉为主。副食以冬瓜、南瓜、苦瓜、藕叶及绿叶菜等食物。

2. 气阴两虚证

症状：乏力、气短、自汗，动辄加重，口干舌燥，多饮多尿，五心烦热，大便秘结，腰膝酸软，时作少气乏力。

舌脉：舌淡或红暗、边有齿痕，舌苔薄白少津或少苔，脉细弱或脉沉细无力。

推荐食疗药膳方。

（1）参杞粥

材料：西洋参 15 克、山药 50 克、枸杞 15 克、粳米 150 克。

做法：将西洋参、山药、枸杞一同入水，然后加粳米煮粥。

> **功效**：补气养阴、益肾健脾，有助于降血糖。

（2）归芪鸡

材料：黄芪 15 克、当归 10 克、母鸡 1 只、调料若干。

做法：先将母鸡剁大块，加水焯煮，去浮沫，纳入黄芪、当归炖至肉熟，然后加入盐、味精等调料。

功效：气血两虚所致的面色萎黄、神疲乏力、消瘦倦怠、心悸头晕、脉象虚大无力。

提示：气阴两虚糖尿病患者主食以黄豆、玉米面粉为主。副食以洋葱、莲藕、豆腐、胡萝卜、黄瓜等。

3. 阴阳两虚证

症状：乏力自汗，形寒肢冷，腰膝酸软，耳轮焦干，多饮多尿，混浊如膏，或浮肿少尿，或五更泻，阳痿早泄。

舌脉：舌淡苔白，脉沉细无力。

推荐食疗药膳方。

（1）苁蓉山药薏仁粥

材料：肉苁蓉 10 克、山药 50 克、薏苡仁 100 克。

做法：将肉苁蓉、山药、薏苡仁煮粥食，每日两次。

功效：同补肺、脾、肾三脏之阴，给体虚的人扶助正气，同时薏苡仁可清除体内湿浊。

（2）枸杞明目茶

材料：枸杞 10 克、桑叶 10 克、菊花 15 克。

做法：枸杞子、桑叶、菊花，开水沏泡代茶饮。

功效：适用于 2 型糖尿病肝肾阴虚证，表现为头晕眼花、双目干涩者。

提示：阴阳两虚证糖尿病患者主食应以未经过加工的面粉、豆类等为主。副食以山药、魔芋、南瓜、芋头、芹菜、胡萝卜、油菜、洋葱等。

综上所述，患有糖尿病之后，要忌口油炸食物、高钠低纤维素饮食等。患者通过选择健康的食物，在保证了营养健康的同时，还要保持健康的生活方式，定期检查血糖，达到降低血糖的目的。对控制、预防病情定会有不小成效。

尿频，要从养肾着手

实际上，尿频是"肾虚"的一种症状。中医认为，夜尿频多治疗时应以益气固本、脾肾双补、温阳固涩为原则。当我们的身体素质下降时，很容易出现尿频症状，并可能伴随性功能下降。

男性尿频的主要症状是尿量增加和排尿次数增多。在正常生理情况下，大量饮水、喝啤酒等增加进水量的过程，都会导致尿量和排尿次数的增多，从而导致尿频。在正常病理情况下，如果患有糖尿病、尿崩症等，饮水量和尿量都会增加，但排尿过程不会出现不适感。

男性尿频的主要原因之一是炎症刺激。当膀胱中有炎症时，尿意中枢会兴奋，导致尿频。前列腺炎也可能导致排尿功能障碍，从而导致尿频。尿路结石、异物、精神紧张等也可能导致男性尿频。

某医生曾经遇到一个病例，患者除了有尿频的症状外，还伴随着疲劳、经常出汗、胃痛等疾病。由于时间紧迫，该医生考虑再三，觉得羊肚煲山药汤能够帮助他解决难题。羊肚是非常好的治疗尿频的食物，具有补虚健胃之功，对身体乏力也有一定的好处。尤其针对这位患者的病症，膳食中的山药能够补气、健脾、治疗尿频。同时，羊肚煲山药汤味道鲜美，能够在享受美食的过程中改善疾病症状。

一周后，这位患者的疾病症状得到了改善，小便次数减少了，胃痛现象减轻了，也不怎么爱出汗了。

1.山药羊肚汤

材料：山药 200 克，羊肚 200 克，生姜、葱、绍酒各适量。

做法：(1) 将山药洗净，切成厚、长各 1 厘米的小块；羊肚洗净，切成 3 厘米长、2 厘米宽的块。(2) 以上二物共放入铁锅内，加生姜、葱、食盐、绍酒和水适量，置武火烧沸，用文火炖熬羊肚至熟即成。

> **功效：**补脾胃，益肺肾。适用于脾胃亏虚胃痛、消渴、多尿等病症。

如果您觉得总吃动物内脏不太好，那么我们可以为您推荐一道营养丰富的山药莲子粥。

2.莲子山药粥

材料：山药 150 克、莲子 20 克、糯米 200 克

做法：将莲子和糯米浸泡在水中 2 小时。然后，将山药去皮切成小块，与浸泡好的莲子和糯米一起放入锅中，可以根据个人口味加入适量的糖。接下来，先用大火煮沸后调成小火，继续煮 60 分钟即可。

> **功效：**以补脾养胃、补肺益肾、涩精止尿。

除了山药莲子粥，山药还可以炖柴鸡、炒青笋、煲排骨等。在选择山药时，最好选择根块大、果肉黏液多、根须多、外皮无损伤、断层雪白、水分少的为佳。

莲子主要用于做汤和煮粥，比如莲子银耳汤、莲子冰糖水、红豆莲子羹等。

此外，每天刺激中极穴对改善排尿异常有特效，可以使夜间排尿次数逐渐减少。中极穴位于肚脐往下的位置，从耻骨上缘到肚脐之间五等分，耻骨上缘起 1/5 处即为中极穴。可以用手掌轻轻按摩或指压该穴位。

最后，提醒怕喝多水会尿多的老人注意，睡觉时人体会散发出大量的水分，而水分不足、血液浓缩是造成脑血栓的重要原因之一。因此，每次排尿后还要喝点水，以补充水分。

风湿病的营养食疗方

无论中西，都有不少医者在探索饮食与风湿病之间的关系，希望能找到合适的食物来减轻疾病的症状，从而降低药物的使用量。研究发现，鱼油等不饱和脂肪酸以及硒等微量元素对风湿病有一定的缓解作用，可以减轻患者疼痛、肿胀和关节僵硬，缩短晨僵时间。因此，风湿病患者应多吃富含优质蛋白质、维生素和矿物质的食物，并关注菜肴的色香味，以改善食欲。

当然，由于不同患者情况不同，亦不可一概而论。对于肥胖患者，应该适当限制高热量食物的摄入；对于贫血患者，需要补充一定量的铁质；对于因药物治疗导致胃肠道不适的患者，平时应多食用养胃食品。这些说明，风湿病患者需要根据病情补充所需食物，同时不能只关注食物的营养价值，而忽视患者的具体情况。

风湿病患者食疗的总体原则是：风痹患者适合食用葱、姜等辛温发散的食物；湿痹者适合食用茯苓、薏米等；寒痹患者适合食用胡椒、干姜等温热食品，同时避免生冷食物；热痹患者适合食用黄豆芽、绿豆芽、丝瓜、冬瓜等食品，避免食用羊肉和辛辣刺激性食物。了解这些原则后，下面将为大家介绍几种适合风湿病患者的食疗方。

1.地黄粥

材料：包括生地黄 10 克、粳米 150 克、麦冬 15 克、白茅根 15 克、冰糖 5 克

做法：将生地黄、粳米、麦冬、白茅根等一同熬粥，加入冰糖调味。

功效：能够清热生津，凉血止血，特别适合辅助食疗风湿病临床表现中的低热不退，口干口渴等症状。但是，食用此粥期间应避免食用葱白、韭菜和萝卜。

2.神仙粥

材料：粳米 150 克、山药 100 克、芡实 20 克、韭菜子 15 克、大枣 10 枚、枸杞子 20 克。做法：将上述材料一同煮即可。

功效：这种粥有温阳补虚、益气强身的功效，适合辅助治疗风湿病，尤其是畏寒、手足不温、喜热饮食、大便溏薄、小便清长，甚至心悸怔忡、胸闷气短、腰膝痿软、下肢水肿、头晕目眩等症状。

3.羊肉粥

材料：羊肉 200 克，白萝卜 100 克，粳米 150 克，当归 20 克，

白芷 20 克,精盐适量,葱姜末适量。

做法: 先将羊肉煮出白沫,换水后加入白萝卜、粳米、当归、白芷、葱姜末,煮熟后加入盐调味即可。

> **功效:** 可以益气血,暖脾胃,添精补髓。尤其适用于风湿病临床表现如阳气不足、气血亏损、腰膝酸软等症状的辅助食疗。

当然要注意的是,部分风湿性疾病属于自身免疫性疾病,像红斑狼疮、类风湿性关节炎、干燥综合征、肌炎、皮肌炎、硬皮病等都与免疫系统有关,因此判断是否需要提高免疫力还是要听从专业医生的建议。

肠癌患者的润肠饮食清单

身为肠癌患者,尤其是接受过手术的患者,饮食问题需要我们额外关注。因为这不仅会影响康复速度,还会在一定程度上决定生存质量和生存率。如果你也希望改善自己的营养状况,以下的饮食建议或许能帮到你。

对于那些希望改善营养状况的朋友们,特别是那些在术后需要注意饮食搭配和进食方式的朋友,你们需要特别注意。否则,你们可能会出现腹泻、腹胀、腹痛等症状。因此,我们建议大家可以根据流质 – 半流质 – 软食 – 普食的顺序,逐渐进行饮食过渡。下面,我们将详细介绍如何操作。

在肠癌手术后的 3 至 4 天内，患者应该遵循禁食的原则。这是为了给胃肠功能恢复留出时间。当肠道蠕动恢复正常，肛门开始排气或肠造口处有气泡溢出时，可以开始进食流质食物。

在饮食方面，需要遵循少吃多餐、逐渐增量的原则。流质食物通常持续 1 ~ 2 天，可以尝试每次进食 30 ~ 50 毫升，然后逐渐增加到 100 ~ 150 毫升，每 2 ~ 3 小时进食一次，每日进食 6 ~ 7 次。

可以选择易消化且有营养的食物，如菜汤、米汤、藕粉等。如果在进食过程中未出现明显的腹痛、腹泻等症状，经过医生同意后，可以过渡到半流质饮食阶段。

半流质饮食通常持续 1 ~ 2 周，可以逐渐增量到每日 5 ~ 6 餐。在这个阶段，可以选择富含蛋白质、低纤维的食物，如稀饭、面条、馄饨等，还可以加入一些高营养的汤汁，如排骨汤、鱼汤等。需要注意的是，食物要少渣无刺激，可以由稀到稠、由简单到多样，清淡饮食。

在术后 2 周后，可以开始进食软食。需要避免食用膳食纤维多的水果、蔬菜、杂粮和大块肉类。同时也要避免食用洋葱、豆类、牛奶等容易产气的食物以及辛辣、生冷刺激的食物。之后可以逐渐过渡到正常饮食。

此外，在以上饮食阶段中，如果病情需要，也可以选择食用非纤维型的肠内营养制剂或少渣的半流食。同时，根据实际情况与医生交流后做出决定是很重要的。

在肠癌术后早期，患者容易出现腹泻的情况。如果只是轻度腹泻，一般不需要特别处理。患者在饮食上可以增加平菇蔬菜汤、蔬果汁来补充丢失的水分和电解质，适量增加苹果泥、蛋黄粥、山药粥等具有收敛作用的食物也可以帮助调理肠胃。但如果腹泻严重，需要尽快就医并接受专业治疗。

肠癌患者在术后需要注意饮食，选择正确的食物可以帮助他们更恢复得更好。以下是五个美味且营养丰富的食谱，供您参考。

1.百合炖梨汤

材料：梨 1 个、百合 5 ~ 6 片、蜂蜜 1 勺

制法：将梨子洗净切块，百合浸泡后一起放入锅中加入适量水；大火烧开后小火慢炖半小时；将炖好的梨汁倒入容器，加入一勺蜂蜜，搅匀即可饮用。

> **功效：**宽肠通便，适合排便困难的肠癌患者。

2.藕粉胚芽芝麻糊

材料：藕粉、小麦胚芽、芝麻粉、蜂蜜

制法：将藕粉、芝麻粉用开水冲开搅拌均匀，加入适量的小麦胚芽和蜂蜜搅拌均匀即可食用。

> **功效：**藕粉、蜂蜜可以润肠通便，小麦胚芽富含维生素E，对大肠黏膜上皮细胞具有保护作用，可促进组织恢复，增强机体抵抗力。此食谱适合普食阶段的患者食用。

3.米糊鱼头汤

材料：大米 100 克，大头鱼鱼头 1 个，少量葱姜，植物油、盐、鸡精各适量

制法：提前将大米浸泡 3 小时以上，用磨浆机将水和大米打成白色米浆，将米浆用筛网过滤出来。把过滤好的米浆加 150 毫升的水倒

入锅内，小火边煮边搅拌，直到米糊煮至浓稠；将鱼头洗净，另取一个锅，刷油热锅，先加入葱丝、姜片，再放入鱼头煎制；随后在鱼头锅中加入足量的开水，炖煮 30 ~ 40 分钟，直到鱼汤变浓稠为止；取一个碗，米糊和鱼汤可各半，鱼头上的肉可弄成肉泥，加入适量的盐、鸡精调味即可。

功效：米糊易消化，可帮助增进食欲，增加食物的口感，鱼头富含蛋白质、钙质、磷质等，营养丰富，此食谱尤其适合进入到半流质阶段的患者食用。

4.西蓝花土豆泥

材料：西蓝花 50 克，土豆 100 克，胡萝卜少许，大蒜 1 小瓣，植物油、酱油、盐、芝麻粉各适量

制法：食材洗净，将土豆、胡萝卜、西蓝花依次上锅蒸熟；将蒸熟的食材捣成泥；锅中加入少许油，待油温 3 成热将泥状食材放入锅中；加入一点酱油、少许盐翻炒均匀，撒上芝麻粉即可出锅。

功效：西蓝花和胡萝卜富含胡萝卜素，可以增加抵抗力，保护肠道上皮细胞，西蓝花和土豆中的维生素 C 可以帮助伤口恢复，此食谱适合进入到软食和普食阶段的患者食用。

5.紫薯大米粥

材料：紫薯 1 个、大米 1 把、植物油适量

制法：用冷水先将大米浸泡 30 分钟，让大米熬起来更软糯也更

省时间，紫薯削皮切小丁备用；将水先烧开，把泡好的大米下锅，待大火烧开转小火慢煮；边煮边搅拌，粥出稠后放入切好的紫薯丁，继续熬制；点入一滴油，口感佳，色泽好。

> **功效：** 紫薯富含膳食纤维，煮粥软烂易消化，可润肠通便，且紫薯中富含的花青素具有抗氧化、增强机体免疫力的作用，此食谱适合进入到普食阶段的患者食用。

骨质疏松光补钙可不够

骨质疏松症的发生虽然无声无息，但其危害难以消弭。它可能导致骨折，以及由骨折引发的各种并发症。在骶骨骨折的患者中，有三分之一的人会因并发症而死亡，即使幸存下来，也有一部分人会成为残疾人。这是骨质疏松症最严重的后果之一。研究还发现，女性患骨质疏松症的风险是男性的三倍，特别是绝经后的妇女，约有三分之一的人患有这种疾病。

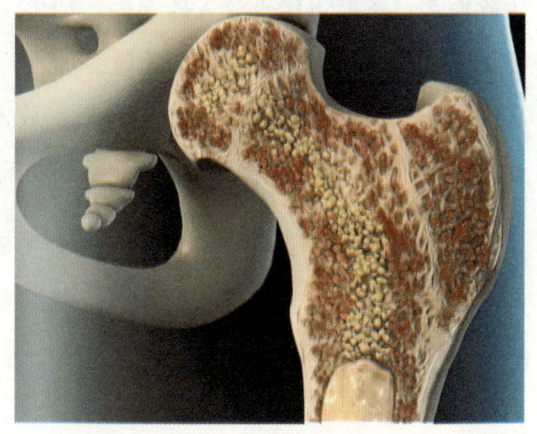

中医将原发性骨质疏松症归类为"腰痛""骨痹""骨痿"和"骨折"等范畴。根据中医理论，

该病多由老年人肾精亏虚、筋骨失养以及骨之形质损伤引起，与先天不足、饮食内伤、劳欲过度等因素有关。其病位在骨，病性为本虚标实，以肾虚髓减为本，风寒湿邪、瘀血闭阻为标，骨之形质损伤是其病理基础。

骨质疏松并非突然发生的病变，而是缓慢形成的。因此，在日常生活中，我们可以通过提高饮食质量来增强人体对抗骨质疏松症的能力。

针对骨质疏松症的饮食总则包括：宜食用富含钙、蛋白质、维生素 D 和维生素 C 的食物，同时多吃新鲜蔬菜。应避免食用辛辣、过咸、过甜等刺激性食物。

以下是几款中药药膳，对于预防骨质疏松症具有显著效果，建议定期食用。

1.黄豆猪骨汤

材料： 鲜猪骨 250 克、黄豆 100 克、生姜 20 克、黄酒 200 克、食盐适量

制法： 黄豆需提前用水泡 6 ~ 8 小时；将鲜猪骨洗净，切断，置水中烧开，去除血污；然后将猪骨放入砂锅内，加生姜 20 克、黄酒 200 克、食盐适量，加水 1000 毫升，煮沸后，用文火煮至骨烂，放入黄豆继续煮至豆烂，即可食用。每日 1 次，每次 200 毫升，每周 1 剂。

> **功效及适应证：** 鲜猪骨富含天然钙质、骨胶原等，对骨骼生长有补充作用；黄豆含有黄酮苷、钙、铁、磷等，可促进骨骼生长，补充骨中所需的营养。此汤可预防骨骼老化、骨质疏松。

2.桑葚牛骨汤

材料：桑葚 25 克，牛骨 250 ～ 500 克、酒、糖各少许、姜、葱、盐各适量

制法：将桑葚洗净，加酒、糖少许蒸制。另将牛骨置锅中，水煮，开锅后撇去浮沫，加姜、葱再煮。见牛骨发白时，表明牛骨的钙、磷、骨胶等已溶解到汤中，随即捞出牛骨，加入已蒸制的桑葚，开锅后再去浮沫，加盐调味后即可饮用。

功效及适应证：桑葚具有补肝益肾的作用；牛骨含有丰富的钙质和胶原蛋白，能促进骨骼生长。此汤能滋阴补血、益肾强筋，尤其适用于骨质疏松症、更年期综合征等。

3.虾皮豆腐汤

材料：虾皮 50 克，嫩豆腐 200 克、植物油、葱花、姜米、料酒各适量

制法：虾皮洗净后泡发；嫩豆腐切成小方块；油热后，加葱花、姜末煸香，加入虾皮、豆腐，烹料酒后加水烧汤。

功效及适应证：虾皮、豆腐含钙量较高，常食此汤对缺钙的骨质疏松症患者有效。

4.猪皮续断汤

材料：鲜猪皮 200 克、续断 50 克、生姜 15 克、黄酒 100 克、食盐适量

制法： 取鲜猪皮洗净，去毛、去脂、切小块，放入煮锅内，加生姜 15 克，黄酒 100 克，食盐适量；取续断煎浓汁后也加入锅内，加水适量，文火煮至猪皮软烂，即可食用。1 日 1 次，适量饮服。

功效及适应证： 猪皮含丰富的胶原蛋白，而胶原蛋白对人体的骨骼及结缔组织都具有重要作用。续断为川续断科多年生草本植物川续断的根，因能"续折接骨"而得名，有强筋健骨、益肝肾等作用。此汤可减轻骨质疏松引起的疼痛，延缓骨质疏松的发展。

前列腺炎怎么用膳食调理

前列腺炎是男性常见的泌尿系统疾病之一，给患者带来不适和痛苦。对于前列腺炎患者来说，饮食是一个非常重要的因素，因为适当的饮食可以帮助患者缓解症状并促进其康复。那么，前列腺炎患者应该吃什么呢？

关于前列腺炎患者的日常饮食，以下是一些建议：

1. 优质蛋白质对前列腺炎的治疗至关重要

蛋白质是男性合成精液的重要材料，因此在日常膳食中多补充优质蛋白质对男性非常有益。建议多吃一些鱼虾、瘦肉、禽蛋及豆制品。在烹饪时最好采用煮、蒸、烧、炒等方法，以避免高温造成的营养损失。

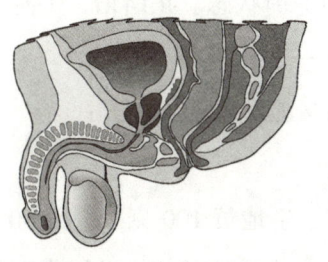
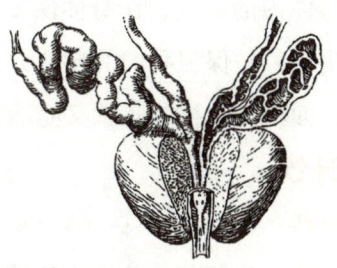

2. 平衡摄入各种维生素也是重要的

维生素 A 可以促进蛋白质的合成，加速细胞分裂的速度和刺激新的细胞生长；维生素 C 具有抗病解毒作用，可以增强机体免疫力；维生素 E 能调节性腺功能，并有增强精子活力的作用。这些维生素广泛存在于绿叶蔬菜、新鲜水果以及动物肝脏、植物油等食物中。

3. 含矿物质的食物也是必不可少的

铁的缺乏可能导致性交后出现无力、喘息、疲乏，甚至面色苍白等现象，因此要注意铁的补充。此外，钙、磷、硫、铬、锌、硒等元素也是精液的组成物质，对激发精子的活力有特殊功效，这些成分可在绿叶蔬菜中摄取，其中补硒能最有效地预防前列腺癌。

中医古籍中没有前列腺炎的病名记载，一般根据其外在表现，归属于"淋证""精浊""白淫""白浊"范畴。

中医对慢性前列腺炎的治疗有着悠久的历史，作为中医经典之一的《伤寒论》由中国古代著名医学家张仲景所著，共分为六十篇。其中第四十篇《淫邪发为病》详细介绍了淋证的病因、症状、治疗等方面的内容。淋证是指泌尿系统疾病，包括慢性前列腺炎在内。

根据《伤寒论》的治疗原则，慢性前列腺炎的治疗应该以补虚、排石、清瘀、固本为主，具体可采用中药治疗的方法。

在我看来，慢性前列腺炎的发病与身体虚有关。因此，补虚是治疗慢性前列腺炎的关键，只有身体的整体功能恢复了，正气足了，才能驱赶体内的邪气，让身体恢复到平衡状态。正所谓"一身正气，百病不生"，与保卫我们的自愈力是一个道理。

下面给大家推荐几款又能治病又能解馋的食疗方：

1.三汁饮

材料： 葡萄100克、藕100克、生地黄100克、蜂蜜50克

做法： 将葡萄和藕洗净后榨汁。将生地黄放入砂锅中，加入适量水，用文火煎煮半小时，取出汁液。将葡萄汁、藕汁和生地黄汁混合在一起，加入蜂蜜调味。

> **功效：** 具有清热、利水、通淋的功效，适合前列腺炎患者食用。

2.萝卜蜜片

材料： 萝卜500克、蜂蜜500克

做法： 将萝卜洗净并切成薄片，然后放入蜂蜜中浸泡40分钟。取出萝卜片放在瓦片上焙干，再浸泡在蜂蜜中，再次焙干（注意不要焙焦），重复这个过程3次即可。

> **功效：** 具有清热解毒、润燥散瘀的功效，适合前列腺炎患者食用。

3.牛乳蜜枣粥

材料： 牛乳500克、红枣15枚、蜂蜜30毫升、淀粉20克。

做法： 将红枣洗净后煮熟，捞出备用。将淀粉用清水调成糊状。将牛乳倒入砂锅中煮沸，加入煮熟的红枣和淀粉糊，稍微煮一下搅拌成粥状，离火后加入蜂蜜拌匀即可。

> **功效：**具有补脾胃、益虚损、生津润肠、止痛解毒的功效，适合前列腺炎和前列腺肥大患者食用。

4.韭菜鸡肉粥

材料：新鲜韭菜 200 克、鸡肉 60 克、大米 100 克、姜丝 3 克、葱末 25 克、精盐 2 克、味精 3 克、胡椒粉 2 克、香油 2 克。

做法：将韭菜洗净并切成段，鸡肉切成细丝，大米淘洗干净。接下来，在锅内加入适量的水，放入大米煮粥。当粥煮至五成熟时，加入鸡肉丝、姜丝、葱末和精盐。继续煮至八成熟时，加入韭菜段。最后，熟透后调入味精、胡椒粉和香油即可。

> **功效：**这款韭菜鸡肉粥适合肾阳虚型慢性前列腺炎患者食用。该病症状包括腰膝酸冷、畏寒、阳痿、早泄、眩晕、耳鸣，以及精神萎靡等。

脂肪肝，怎么给它吃回去

人体脂肪代谢的化工厂是肝脏，当肝脏内出现脂质沉积，那么血液中的糖分就不能在肝脏内顺利地转化成肝糖原，导致全身各个器官都处于高血糖的环境，引发糖尿病性周围血管疾病。

中医中是没有脂肪肝这个病名的，中医根据其临床特点将其归属于"痰浊""胁痛""痞满""肝胀""肝痞""肝癖""肝着"等。

中医理论认为，脂肪肝的病因有：过食肥甘厚味致饮食内伤，或劳逸失度，或情志失调，或体质因素等，最终导致肝郁气滞，脾失健运，痰湿内生，湿热蕴结，瘀血阻滞，痹阻于肝脏脉络，气血痰瘀互结于胁下。本病病位在肝，与脾、肾、胃等脏腑密切相关，肝脾肾亏虚为本，痰湿、瘀为标。

脂肪肝病人多数没有症状，部分人可出现右上腹胀满不适、乏力、食欲缺乏、舌体胖大、舌苔厚或腻等肝郁脾虚、痰湿内停的症状，如未予以及时干预，病情迁延可出现肝区疼痛，或胀痛或刺痛，舌暗红或有瘀斑、瘀点等气滞血瘀的表现。健脾疏肝、化痰除湿为脂肪肝的基本治法，如有血瘀则兼以活血化瘀。

研究结果显示，中药在改善肝功能、降低血脂以及防止肝纤维化方面具有显著的优势。在消除病因、调整生活方式的同时，依据中医"治未病"的理论，选择药食同源的中药进行代茶饮或食疗，能够有效地发挥辅助防治作用，并且可以降低某些药物的不良反应。

代茶饮方及饮食方推荐：

1. 行气除湿饮

主要成分：苍术 10 克、陈皮 10 克、莱菔子 10 克、炒决明子 15 克

饮用方法：以沸水冲泡，不拘时饮用，每天一剂。

功效：适用于体型肥胖、大便黏滞不畅、舌苔厚腻者，具有行气除湿的功效。

2. 绞股蓝决明茶

主要成分：绞股蓝 15 克、炒决明子 30 克。

饮用方法：以沸水冲泡，不拘时饮用，每天一剂。

> **功效**：具有益气除湿、化痰消脂的作用，适用于气虚体胖的痰湿体质。

3. 党参茯苓扁豆粥

主要成分：党参 10 克、茯苓 10 克、白扁豆 10 克、生薏米 100 克。

饮用方法：将党参、茯苓洗净，切片，与白扁豆同入锅中。加水煎煮 30 分钟，投入淘净的生薏米，文火煮稠即成。早晚各 1 次温服，党参、茯苓、白扁豆可同时嚼食。连续服食 3 个月至 4 个月。

4. 山楂薏米粥

主要成分：山楂 25 克、薏米 50 克。

饮用方法：适量食用。

> **功效**：坚持服用 1 个月至 2 个月，具有消脂除积的功效。还可用山楂泡茶，山楂茶清爽自然，酸甜味好。

5. 当归芦荟茶

主要成分：炒决明子 30 克、当归 15 克、芦荟 30 克、茶叶少许。

饮用方法：先用水泡，然后将上述四味加水一起煎煮，沸腾后再煎 20 分钟至 30 分钟。一天喝两次。

> **功效**：治疗脂肪肝的同时，可有效改善营养过剩状况，增强体质，尤其适用于大便干燥病人。

6. 山楂蜂蜜饮

主要成分：生山楂 40 克、蜂蜜 10 克。

饮用方法：将山楂洗净，晾干，切成两半，入锅，加水煎煮 30 分钟，兑入蜂蜜即成。分两次，吃山楂饮汤，当日服完。胃食管反流且有胃灼热的病人禁用。

> **功效**：降血脂，保护心血管。

7. 葛花荷叶茶

主要成分：葛花 15 克、鲜荷叶 60 克（干荷叶 30 克）、菊花 10 克。

饮用方法：先将鲜荷叶切成丝状，与葛花、菊花同入锅中，加水适量，煮沸 10 分钟，去渣取汁即成。当茶频频饮用，当日服完。

> **功效**：具有降压、降脂、降胆固醇的功效，适合高血压、高血脂的人群作为保健茶饮服用。

脂肪肝的防治是一项长期且耗时的过程。消除病因，养成健康的生活方式是最关键的，同时，适当地选用某些中药可以进一步提升治疗效果。

多发在秋冬季的支气管炎怎么办

支气管炎的症状与感冒相似，主要表现为刺激性咳嗽，持续

1～2 天的咳痰，开始时痰液为黏液脓性，甚至带有血丝。如果治疗不当，症状可能会逐渐加重，咳嗽可能长期持续，这种情况在老年人中更为常见。

患者的痰液在静置后可以分为三层：上层是黏液，中层是液体，下层是脓痰。有些患者还会出现喘息和哮鸣音，常伴有胸骨后痛、疲倦、全身酸痛等症状。这种疾病在秋冬季节发病率较高，春暖花开时会有所缓解，但如果治疗不当，可能会发展成肺气肿、肺心病。

支气管炎，中医辨证中属于"肺热痰结、蕴阻肺络"的痰热壅肺证，出现咳嗽、发热、咳黄痰或脓痰、咽喉痒痛、胸闷气急、喉中痰鸣，或伴口干烦热、大便干、尿黄、舌质红、苔黄腻、脉滑，以及慢性支气管炎急性发作、急性上呼吸道感染、肺炎等病症。

对于支气管炎，除根据病因进行抗菌、抗病毒、抗过敏和对症治疗外，建议您再配合食疗法，以加强止咳颗粒的疗效，增强身体抵抗力。食疗药膳对慢性支气管炎轻者可以治愈，重者可缓解病情。

慢性支气管炎的食疗方法有很多，以下是一些常见的食疗方：

1.百合猪肺汤

材料：百合 30 克，冬笋 25 克，水发木耳 15 克，猪肺 1 个，生姜 3 片，精盐、味精、胡椒粉、植物油适量。

制作制法如下：

（1）将冬笋切成小片，同时，将百合、水发木耳和猪肺清洗干净并切成薄片。

（2）将冬笋片和水发木耳放入油锅中进行煸炒处理，待其熟透后取出，摆放在盘中备用。

（3）将洗净的猪肺和百合放入砂锅中，加入适量的水，用武火将其烧开。接着，倒入之前煸炒好的冬笋片、水发木耳以及生姜。

（4）将火候调至文火，继续煮制大约半小时。在此期间，可以根据个人口味加入适量的精盐、味精和胡椒粉进行调味。

食用：待所有食材充分融合后，即可食用。

功效：润肺止咳。百合具有润肺止咳、清心安神的功效，同时还具有一定的抗癌作用；冬笋具有消痰化食的作用，富含丰富的蛋白质、纤维素、维生素B_1、维生素C、多种氨基酸、胡萝卜素，以及钙、磷、铁等元素；木耳含有蛋白质、脂肪、糖类、粗纤维、钙、磷、铁、镁、钾、维生素B_1、维生素B_2、烟酸、胡萝卜素、卵磷脂、脑磷脂等，还含有丰富的核酸，能够补气益血、润燥利肠；猪肺具有补肺、化痰、止血的功效。因此，本方对于肺部慢性疾病如慢性气管炎、气虚喘促、肺结核咳嗽、吐血等有很好的辅助治疗作用。然而，猪肺含有较高的胆固醇，不适宜高脂血症和高血压患者食用。若患者咳血较重，可以将冬笋片去除。

2.银耳鹌蛋汤

材料：银耳30克、鹌鹑蛋20个，猪油适量。

制法：

（1）将银耳用水浸泡至膨胀，然后去除蒂和杂质，撕成小朵备用。

（2）将锅加热，加入适量的水，将银耳放入锅中煮沸，直至熟烂。将 20 个酒盅内涂抹猪油，然后将鹌鹑蛋分别打入盅内，用火蒸煮约 3 分钟即可取出待用。

（3）将银耳羹烧开后，稍微冷藏一下，然后去除浮沫，再与鹌鹑蛋一同下锅煮沸。

食用： 起锅即可食用。

> **功效：** 此食疗方具有补肺益气、养阴润燥的功效。适用于病后体虚、肺虚久咳、痰中带血、大便带血以及慢性支气管炎等。

3.清肺滋阴汤

材料： 老鸭 (超过 4 年的鸭谓之老鸭)1 000 克，陈皮 3 克，玉竹 10 克，沙参 15 克，食盐、味精等各适量。

制法：

（1）将老鸭进行脱毛处理，然后剖其腹取出内脏。

（2）将各种药材填入鸭腹部，并加入 2.5 升水，用文火煲汤。

（3）待汤煮好后，加入适量的食盐和味精。

食用： 食用时，可以同时品尝鸭肉并饮汤。

> **功效：** 此汤具有滋阴润燥的功效。它能够滋养胃部、润泽肺部，对于咳嗽、口渴等症状有一定的缓解作用，尤其适合肺燥热者食用。老鸭搭配玉竹和沙参等滋补性食材，对于肺结核引起的低热、干咳、心烦、口渴以及慢性支气管炎等肺燥症状都有一定的疗效。对于有肺病史的人群，建议每周服用一次。然而，对于皮肤过敏性患者来说，应该谨慎食用。

4.川贝炖乌鸡

材料：川贝母 15 克，杏仁、丹参各 10 克，红花 6 克，乌鸡 1 只，料酒 10 毫升，葱 10 克，姜 5 克，盐 3 克，味精、胡椒粉各 2 克。

制法：

（1）将乌鸡进行清洗处理，去除毛发，然后剖开腹部，清除内脏及爪子。

（2）将丹参润透后切成薄片，川贝母去除杂质并打成大颗粒，红花同样去除杂质并清洗干净。姜需要拍松，葱则需要切段。

（3）将处理好的乌鸡、川贝母、杏仁、红花、丹参、姜、葱以及料酒一同放入炖锅内，加入 2800 毫升的水，置于武火上烧沸，然后改用文火炖煮 35 分钟。

（4）加入盐、味精、胡椒粉等调料搅拌均匀即可。

食用：喝汤吃肉。

> **功效：**本配方具有活血祛痰、养气通络的功效。适用于痰瘀型冠心病、慢性支气管炎以及咳嗽等症状的治疗。

5.萝卜煮鸡蛋

材料：绿萝卜 1 500 克，鸡蛋、绿豆适量。

制法：

（1）在冬至左右购买绿萝卜，去除头尾并清洗干净。

（2）使用干净的刀具将萝卜切成均匀的薄片，然后用棉线穿成串，晾干后妥善保存。

（3）从三伏天第一天开始，每次取出 3 片萝卜干、1 个鸡蛋和一小把绿豆，放入砂锅内加水，煮沸 30 分钟至豆熟烂。

食用：服用时剥去鸡蛋壳，连同萝卜、绿豆和汤一起食用。从三伏天第一天开始服用，每日 1 剂，连续使用 30 天。

功效： 本方采用"冬备夏食"的方法，具有止咳平喘的功效，对支气管哮喘的预防具有一定的作用。

过敏性鼻炎的辨证施治，分型很关键

过敏性鼻炎的典型症状包括频繁打喷嚏和流鼻涕，当暴露在寒冷或有异味的环境中时，这些症状容易加重。这种病相当普遍，总体上也较难根治，许多人反复发作，患病时间长达一二十年。

过敏性鼻炎属于中医学的"鼻鼽"范畴。中医认为，本病的发生原因有二：一是内在因素，多为脏腑功能失调，主要是肺、脾、肾三脏虚损；二是外在因素，多为风寒、异气之邪侵袭鼻窍而致病。另有外因与内因合而为患，乃由肺气虚弱、卫外不固，风寒外邪乘虚而入，或异气诱发所致。因此本病的发生是机体的内因为本、外因为标，临床上以虚证表现居多，其虚证则以肺虚、脾虚、肾虚为主。

生活中，治疗鼻炎的方法五花八门，有人使用板蓝根、清开灵等中药，也有人去医院开

具各种鼻炎药和抗生素。然而，不论使用何种方法，其效果如何并不明确。即使治疗好了，也不知道具体是哪种方法起了作用；如果无效，则更加焦虑不安，如同热锅上的蚂蚁一般。人们会尝试各种建议和药方，却不知道鼻炎的症状和处理方法各不相同，因此不能随意套用错误的方法。

中医治疗过敏性鼻炎主要以补肺、益气、固表、健脾、温肾为治疗大法，根据不同分型而辨证治疗。

1.玉屏鸡

材料： 黄芪 60 克、白术 20 克、防风 20 克、家鸡 1 只（1000 ~ 1500 克）。

做法： 将上述三味药材纳入鸡腹中，按照常规方法炖煮至熟透，食用鸡肉并饮用汤液。

> **功效：** 具有补气固表的作用。采用经典方剂玉屏风散，药理学研究表明其具有抗过敏作用，适用于肺脾气虚的过敏性鼻炎患者，表现为鼻流清涕。

黄芪味甘温，内能补益脾肺之气，外可固表止汗；白术能健脾益气，与黄芪相配合以增强益气固表的功效；辅以防风走表而散风邪，与黄芪、白术相合以益气祛邪。此外，黄芪得防风之助，固表而不致留邪；防风得黄芪之助，祛邪而不伤正气，具有补中寓疏、散中寓补之意。

2.鳝鱼煲猪肾

材料： 黄鳝 250 克（切段），猪肾 100 克，肉苁蓉 30 克。

做法： 将以上食材一同煲熟，调味后食用。

> **功效：** 具有补肝肾的作用，适用于肾虚患者。

3.苍耳子茶

材料：苍耳子 10 克，白蒺藜 10 克，葱白 10 克。

做法：将苍耳子、白蒺藜和葱白放入沸水中冲泡成茶饮即可饮用。

> **功效**：具有解表散寒的作用，适用于风寒患者。苍耳子味苦、甘、辛，性温，具有发散风寒、通鼻窍、祛风湿、止痛的功效。白蒺藜与苍耳子共同发挥祛风止痒的作用，葱白则有助于疏散风寒。

4.葛根乌梅饮

材料：葛根 20 克，乌梅 5 个。

做法：两种食材放入锅中煮沸后，不拘时频服。

> **功效**：葛根其性凉而甘，有解表发汗之效，善发散能达诸阳经。乌梅质润敛涩，有敛肺、生津之功，同时现代医学研究发现乌梅有抗过敏作用。方中两药一收一散，相辅相成。适用于风热蕴肺患者，主要表现为咳嗽、痰多色黄、口干咽痛、鼻涕浓稠色黄。

在日常生活中，患者可以增加胡萝卜、莲藕、山药、土豆、百合等益肺、健脾、益肾的食物摄入量，提高机体免疫力，促进机体对外环境的适应性，减少过敏性鼻炎的发作次数。

中医认为鱼虾类海鲜大多咸寒而腥，属于发物，会引起久病复发、新病加重，平时尽量避免服用。

第四章

早衰或者延寿，我们到底应该怎么做

培养正气，是人体抗衰的根本

人体的自愈力，最直观的例子就是自愈功能。我们从小磕磕碰碰、瘀青肿胀、疼痛流血并不少见。然而，由于人体具备自愈的能力，我们依然能够健康成长。有时候受到一些伤害，我们过几天就会康复。例如，头部撞击导致大包、手臂划伤或膝盖摔伤等。最多十天半月，这些损伤就会基本痊愈。

现代科学对人体自愈能力进行了大量的研

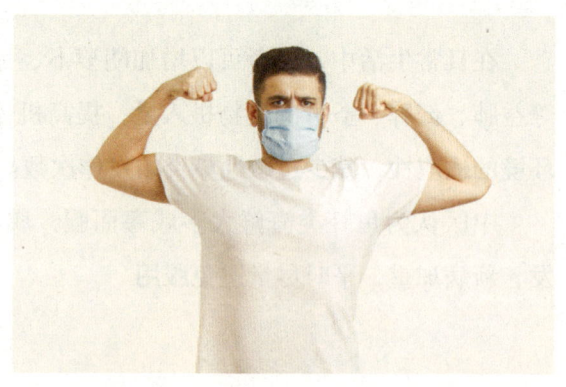

究，如果能巧妙地利用人体自愈机制来治愈人体的损伤，那将是一项高明的医术。无数个病例证实了许多损伤能够自愈，而衰老也被科学家归类为机体损伤的一种，是一种人类群体不可避免的慢性病。

科学家提出了一个假设，即强大的自愈能力可以延缓衰老。这一假设的实现需要对人体自身自愈机制进行深入的研究，并巧妙地利用人体的免疫力，通过自然治愈的方法来延缓衰老过程。如果能够成功实现这一目标，人类寿命将能够尽可能地延长。因此，如何提升人体的自愈能力成为生物学家们的重要研究课题。

自愈能力并非随意提升的。举例来说，婴幼儿和儿童在骨折后能够迅速恢复，并且效果良好。即使肢体一端复位后比另一端短 3cm，通过生长发育仍然能够恢复正常长度，实现两侧对称。然而，成年人在骨折后却无法达到同样的效果。手术后出现长短腿的情况并不罕见，甚至步行姿态也会受到影响。这是因为年龄是决定自愈能力的重要因素之一。

衰老是医学领域中的一大难题，人类很难阻挡岁月的脚步。目前被证明能够延缓衰老的方法非常有限。然而，年轻人提升自身自愈能力相对容易。人体自愈能力越强，衰老速度就越慢；反之，自愈能力越弱，衰老速度就越快。

如《黄帝内经》中讲的"正气存内，邪不可干"。生活中也可以得到体现。假如你有如下表现：肠胃不好，伤口易受感染，容易感冒，睡眠不好，体虚乏力，身体易疲劳、经常酸疼，头晕头疼等，那么你的身体正处于衰老状态，身体机能处于一种衰弱或者在衰的一种状态，身体因为情绪不稳定、思虑过度、饮食不规律、作息不规律、生活压力大等，自我运转系统出现异常，自愈能力就会降低。

正气旺盛，是人体阴阳协调、气血充盈、脏腑经络功能正常、卫外固密的象征，是机体健壮的根本所在。因此，历代医家和养生家都非常重视护养人体正气。

宋代养生大家陈直曾总结出一套与"气"相关的"养生七诀"，即"一者少言语养真气；二者戒色欲养精气；三者薄滋味养血气；四者咽津液养脏气；五者莫嗔怒养肝气；六者美饮食养胃气；七者少思虑养心气"。

人体诸气得养，脏腑功能协调，使机体按一定规律运转，则正气旺盛，人之精力充沛，健康长寿；正气虚弱，则精神不振，多病早衰。一旦人体生理活动的动力源泉断绝，生命运动也就停止了。因此，保养正气乃是延年益寿之根本大法。

人体正气又是抵御外邪、防病健身和促进机体康复的最根本的要素，疾病的过程就是"正气"和"邪气"相互作用的结果。正气不足是机体功能失调产生疾病的根本原因。

《黄帝内经·素问·遗篇刺法论》说"正气存内，邪不可干"，《黄帝内经·素问·评热病论》说"邪之所凑，其气必虚"。《黄帝内经·灵枢·百病始生篇》又进一步指出："风雨寒热，不得虚邪，不能独伤人。卒然逢疾风暴雨而不病者，盖无虚，故邪不能独伤人。此必因虚邪之风，与其身形，两虚相得，乃客其形。"这些论述从正反两个方面阐明了中医的正虚发病观。

就是说，正气充沛，虽有外邪侵犯，也能抵抗，而使机体免于生病，患病后亦能较快地康复。

　　由此可知，中医养生学所指的"正气"，实际上是维护人体健康的脏腑生理功能的动力和抵抗病邪的抗病能力，它包括了人体卫外功能、免疫功能、调节功能以及各种代偿功能等。正气充盛，可保持体内阴阳平衡，更好地适应外在变化，故保养正气是养生的根本任务。

丢三落四，怎么拯救我们的记忆力

　　许多人都发现，随着年龄的增长，他们的记忆力逐渐下降。有些人甚至经常忘记事情，这给他们的生活和工作带来了许多麻烦。健忘是一种记忆力减退、容易忘记事情的病症，也被称为"喜忘""善忘"或"多忘"。

　　《见闻录》曰："人之记性，皆在脑中，小儿善忘者，脑未满也，老人健忘者，脑渐空也。"《杂病广要》曰："健忘之健，与健啖、健步之健同义，犹言善忘。"

　　中医认为，善忘的原因主要是思虑过度，劳伤心脾，阴血损耗，脑失所养；或房劳、久病，损伤精血，肾精亏虚；或七情所伤，久病入络，瘀血内停，痰浊上蒙。

　　《古今医鉴》曰："皆主于心脾二经。盖心之官则思，脾之官亦主思。此由思虑过多，伤于心则血耗散，神不守舍；伤于脾则胃气衰惫，而虑愈深。二者皆令人事猝然而忘也。盖心生血，因血少不能养其真脏，或停饮而气郁以生痰，气既郁，脾不得舒，是病皆由此

作。"又曰："治：必先养其心血，理其脾土，凝神定智之剂以调理。亦当以幽闲之处，安乐之中，使其绝于忧虑，远其六淫七情，如此日渐安矣。"

《黄帝内经》曰："上气不足，下气有余，肠胃实而心肺虚，虚则营卫留于下，久之不以时上，故善忘也。"

《医宗必读》曰："《内经》之论健忘，俱责之心肾不交。心不下交于肾，浊火乱其神明；肾不上交于心，精气伏而不用。火居上则因而为痰，水居下则因而生躁，扰扰纭纭，昏而不定。故补肾而使之时上，养心而使之善下，则神气清明，志意常治矣。"

《类证治裁》曰："健忘者，陡然忘之，尽力思索不来也。夫人之神宅于心，心之精依于肾，而脑为元神之府，精髓之海，实记性所凭也"。

《丹溪心法》曰："健忘由精神短少者多，亦有痰者，此症多由思忧过度，损其心包，心致神舍不清，遇事多意。"

中医认为，记忆是神明的作用，记忆的过程又离不开意、志与思的功能。由于心藏神、脾生意、肾藏志，故健忘与心、脾、肾三脏关系密切，而心主神明，脑为元神之府，故精血不足或病邪内扰，凡能影响心、脑功能正常发挥的一切原因均可引起健忘。

临床可分为心脾两虚、心肾不交、瘀血内阻、精血亏损、肝郁血燥和痰浊扰心等情况分型调治。

根据中医理论，心脾不足、肾精亏耗、痰浊扰心和血瘀痹阻是导致健忘失眠等症状的常见证型。针对这些证型，可以采用不同的治疗方法和食疗方案。

一、对于心脾不足证，治疗的重点是补益心脾

桂圆红枣粥

材料：桂圆肉 15 克、红枣 3 ~ 5 枚、粳米 100 克。

食用方法：将上述材料一起煮粥，每日 1 次，连续食用 15 天。

> **功效**：补心益脾。

二、对于肾精亏耗证，治疗的重点是填精补髓

方药方面，可以选用河车大造丸加减，包括紫河车、龟板、黄柏、杜仲、牛膝、麦冬、天冬、生地黄、砂仁、茯苓和人参等药物。

羊肉枸杞粥

材料：羊肉 125 克、枸杞子 10 克、核桃仁 15 克、生姜 2 ~ 3 片。

食用方法：将以上材料一起炖煮，每周 2 ~ 3 次，连续食用 3 ~ 4 周。

> **功效**：填精补髓，温阳固肾，增强记忆力。

三、对于痰浊扰心证，治疗的重点是化痰宁心

方药方面，可以选用温胆汤加减，包括半夏、陈皮、茯苓、甘草、竹茹、枳实、生姜和大枣等药物。

香橼麦芽饮

材料： 新鲜香橼 1 个、麦芽糖 20 克

食用方法： 将鲜香橼 2 个切碎后与麦芽糖一起蒸煮。

功效： 理气宽胸、养心宁神。

四、对于血瘀痹阻证，治疗的重点是活血化瘀

方药方面，可以选用血府逐瘀汤加减，包括桃仁、红花、当归、生地、川芎、赤芍、柴胡、枳壳、甘草和桔梗等药物。

当归排骨汤

材料： 排骨 300 克、当归 15 克、红花 5 克、盐适量

食用方法： 排骨焯水去腥后加入当归和红花（纱布包）一起煮 1 小时左右，加入盐适量调味后食用。

功效： 活血养血、通畅经络。

白发是自然规律，怎么有早有晚

乌发变白是一种随着年龄增长而出现的正常生理现象。黄种人的发色通常为黑色，这是由毛发中的黑色素细胞决定的。黑色素的合成

和积累需要借助酪氨酸的作用。然而，随着年龄的增长，黑色素细胞中酪氨酸酶的活性逐渐丧失，导致毛发中黑色素的缺失。这是人体生理的一种退行性改变，也是衰老的表现之一。

人到老年，肾气渐衰，头发变白很正常。可中青年人早生白发就犯愁了。那么，怎样才能消除和避免头发早白呢？

关于头发早白，其主要症状表现为头发过早变白，或者伴有头发稀疏、脱落、干燥无光泽、枯黄易断等症状。在诊断时，应首先排除由全身性疾病或局部病变引起的发白，例如甲状腺功能亢进（甲亢）、贫血、硬皮病、皮肌炎、长期患病或手术后等情况。

中医认为，发白常见原因主要有：情志过极、劳倦过度、禀赋虚弱或饮食不节。七情失节，五志化火，热伏荣血，风气内生，使头发失于荣养。劳倦过度使脏气受损，肝脾肾功能异常，气血失调，发失所养。禀赋虚弱，元气不足使毛发生长无源。饮食不节，饮酒过多及过食辛辣，滋生湿热，熏蒸于上，致毛发不固。

在古典医籍的记载中，头发与脏腑关系十分密切，头发的颜色枯荣能直接反映出五脏气血的盛衰。

《难经·二十四难》有云："少阴者，冬脉也，伏行而濡于骨髓……肉濡而却，故齿长而枯，发无润泽。"《灵枢·天年》曰："四十岁，五脏六腑十二经脉，皆大盛以平定，腠理始疏，荣华颓落，发鬓斑白。"这里认为头发的生长和肾气密切相关。

《素问·六节藏象论篇》曰："肺者，气之本，魄之处也，其华在毛……肾者，封藏之本，精之处也，其华在发……"指出头发的生长有赖于肾气的强弱，人的毛皮是由肺之经气所滋养，肺之盛衰，可从毛发颜色枯荣来推断。

《诸病源候论·毛发病诸侯》中记载："发是足少阴之经血所

荣也，血气盛，则发长美；若血虚少，则发不长，须以药治令长。"
这里强调毛发的正常生长不仅需要肾气强盛，亦需要血液的濡养。

《脾胃论·脾胃盛衰论》云："夫胃病其脉缓，脾病其脉迟。
且其人当脐有动气，按之牢若痛，若火乘土位，其脉洪缓，更有身
热，心中不便之证。此阳气衰落，不能生发……或皮毛枯槁，发脱
落。"认为胃气衰弱，不能化生气血濡养毛发，则可制脱发。

中医对头发早白的调养方法主要依据虚实辨证。对于虚证，主要
采用补气血、补肝肾的方法；而对于实证，则主要采用清热、化湿、
疏肝的方法。

1.气血亏虚白发

气血亏虚的主要症状包括头发早白、干枯或焦黄，头发稀少，发
色无泽，伴随肢体疲乏、头晕、唇甲不华、心悸健忘、腹胀便溏等症
状。舌质淡，苔白，脉细弱。

龙眼粥

材料：莲子20克，龙眼15克，糯米30克。

制法：将莲子、龙眼、糯米一同下锅煮熟成粥，即可作为主食
食用。

功效：补气养血，健运脾胃。

2.肾精不足白发

肾精不足的主要症状包括头发早白、干枯或焦黄，头发稀少，发
色无泽，伴随腰膝酸软、遗精、耳鸣等症状。根据阴阳虚实的不同，
还可以分为阴虚和阳虚两种类型。阴虚者表现为五心烦热，舌质红，
脉弦细数；阳虚者表现为四肢不温，形寒肢冷，舌质淡，脉沉细无
力。治疗上，阴虚者应以补肾滋阴为主；阳虚者应以补肾助阳为主。

淮山枸杞粥

材料： 淮山药 10 克，枸杞子 10 克，芡实 10 克，大米 50 克。

制法： 将淮山药洗净去皮，放入枸杞子、芡实，然后加入大米煮粥食用。

> **功效：** 此法对阴虚者可补肾滋阴为主；阳虚者可补肾助阳。

3. 湿热内蕴白发

湿热内蕴的主要症状包括头发早白、稀少脱落，头皮瘙痒、油腻，头屑多，伴随四肢困重、口苦黏腻、纳呆、胸闷腹胀等症状。

薏米百合绿豆粥

材料： 薏米 30 克，百合 30 克，绿豆 30 克，粳米 50 克。

制法： 将薏米、百合、绿豆煮沸后加入粳米熬成粥食用。

> **功效：** 清热化湿，助阳暖胃。

4. 肝气郁结白发

肝气郁结的主要症状包括头发早白、干枯或焦黄，头发稀少，发色无泽，伴随精神抑郁、善太息、胸胁胀痛等症状。治疗上应以疏肝理气为主。

红枣莲子玫瑰粥

材料： 红枣 10 个，莲子 30 克，玫瑰 6 克，粳米 150 克。

制法： 将莲子、玫瑰、红枣一同煮沸后，加入粳米煮成粥。

> **功效：** 疏肝解郁，理气散结。

总之，中医调养头发早白的方法因人而异，需要根据个体的具体情况来制定合适的治疗方案。在食疗方面，可以根据上述建议选择适合自己的食材进行调理。还有就是注意头发的清洁，洗头时不宜用指甲抓搔，以免损伤头皮；平时保持心情愉悦、心胸开阔，适时运动，增强机体免疫力。

肾与衰老的莫大关系

在人体腰部两侧，我们可以摸到两个肾脏。这是现代医学中所说的肾，与肾炎、肾小球、肾衰竭等疾病有关。然而，今天我要讨论的肾，是中医理论中的肾，它不仅包括了我们常说的肾脏器官，还包含了人的生命系统，被誉为人的先天之本。

许多人可能对肾脏的功能并不十分了解，但提到"肾虚"，几乎无人不知。在中国，补肾似乎已经成为一种深入人心的观念，无论男女，都非常重视肾脏健康。肾脏就像是我们身体的"米缸"，如果"米缸"里的粮食不足，身体就会出现各种问题，如精神萎靡、头晕耳鸣、腰膝酸软等。因此，我们在抗衰老的过程中，必须重视对肾脏的保养。

怎么补肾呢？我们需要根据人体肾气的变化规律来决定。在《黄帝内经》中，男女的生命周期是不同的。男性从8岁开始，每8年为一个生命周期；女性则从7岁开始，每7年为一个生命周期。这种划分的依据是肾气的盛衰和天关或天癸的到来。无论男女，都需要按照这个规律成长、成熟和衰老。

当女性年龄达到35岁，男性年龄达到40岁时，肾气会由旺盛转为衰退。对于女性来说，这个阶段她们的手阳明大肠经和足阳明胃经开始衰弱，脸色变得黄暗，甚至可能出现脱发现象。而到了40岁的男性，他们的头发开始脱落，咀嚼能力也会减弱。《黄帝内经》中提到："五八（即40岁），肾气衰，发堕落，齿槁。"这意味着头发和牙齿都依赖于肾气的滋养，因此它们的变化也反映了肾气的盛衰。

从补肾的角度来看，女性应该在35岁之后开始补肾，而男性则应在40岁之后开始补肾。需要特别注意的是，这个年龄指的是虚岁，也就是说，需要在周岁的基础上加一岁，才能得到正确的补肾年龄。

下面给大家推荐几种在家就能享用的补肾食疗方。

1.二仙炖羊肉

材料：仙茅15克，淫羊藿15克，生姜15克，羊肉250克，盐、食用油、酱油适量。

制法：将羊肉洗净切块放入砂锅中，加适量清水，再将仙茅、淫羊藿、生姜用纱布包好放入锅中，武火煮沸后改用文火，炖至羊肉烂熟入佐料即成。食时去药包食肉饮汤。

功效：仙茅、淫羊藿均为辛温之品归肝、肾经，可温补肾阳而祛寒；羊肉甘温可补益精气，相互配伍可达到温阳散寒、健脾益气的目的，以下焦虚寒者尤适宜。

2.枸杞炒肉丝

材料：枸杞子20克，猪肉丝100克，青笋丝30克，植物油、盐、酱油、味精、淀粉适量。

制法：将油锅烧热加入猪肉丝和青笋丝爆炒，并加入已泡洗净的枸杞子及佐料，再略炒出锅装盘。

> **功效**：枸杞子性平味甘，入肝、肾经可滋补肝肾；青笋性寒味苦，可清热、补筋骨、利五脏，适合肾阴虚者。

3.加味麦枣汤

材料：大枣20克、龙眼肉20克、小麦粒15克、生甘草5克。

制法：将生甘草煎汁去渣取汁，大枣洗净去核待用，再将小麦粒洗净放入锅中加水800毫升，放入甘草煎汁煮至六成熟时加入大枣及龙眼肉，再煮15分钟即可。

> **功效**：小麦味甘性凉，入心、脾、肾经具有养心阴、益心气、清心热的作用；大枣、龙眼肉性温味甘，有健脾补血、养心安神作用；甘草有补气清热泻火作用。以上诸味相配用，起到滋阴补血效果。

4.全鸭冬瓜汤

材料：冬瓜100克（连皮），鸭1只，猪瘦肉30克，海参1只，茨实、薏米各15克，荷叶半张，盐少许。

制法：以上各味加水煮至鸭肉烂熟，加盐少许调味。

> **功效**：清热滋阴、健脾化湿、补肾利水，适合熬夜腹中饥饿时做垫补。

5.一品山药

材料：生山药 500 克，面粉 150 克，核桃仁、什锦果脯、蜂蜜适量，白糖 100 克，猪油、芡粉少许。

制法：将生山药洗净蒸熟，去皮后放入搪瓷盆中加面粉，揉成面团，再做成饼，上置核桃仁、什锦果脯适量，上锅蒸 20 分钟。出锅后在圆饼上浇一层蜜糖 (蜂蜜 1 汤匙，白糖 100 克，猪油和芡粉少许，加热即成)。

> **功效：**疗补肾气不足。

怎么就老眼昏花了

随着年龄的增长，人眼的调节功能逐渐减弱，在 40 ~ 45 岁时，常发生视物不清的现象。这种由于年龄所致的生理性调节能力减弱，就称为老视，俗名"老花眼"。

从中医角度来说，老花眼是怎么来的呢？为什么中老年人容易得老花眼呢？

中老年人的身体有一个特征，那就是身体精血不足了，眼睛没有精血的滋养，慢慢就会有湿浊进来，从而造成老花眼。中医说肾主

藏精，肝藏血，精血同源，精血亏虚了，说明肝肾不好了。肝开窍于目，肾开窍于耳，我们常常说，耳聪目明，说的就是这个人肝肾功能好。所以，要想眼睛好、眼不花，就要好好补精血，强壮肝肾。

冰冻三尺非一日之寒，所以我们治疗这类问题，不能着急，给大家推荐几个食疗的方子。

1.银耳瘦肉粥

材料：银耳30克、瘦肉30克、粳米50克。

制法：将银耳洗净备用，同时将瘦肉洗净切成丝状。将以上材料一同放入锅中，加入500毫升水，再加入洗净的粳米。先用大火煮沸5分钟，然后改用小火煮半小时。

> **功效**：可滋补肝肾，适用于老花眼患者，尤其是伴有全身无力和身体消瘦的人群。

2.枸杞子炒肉丝

材料：枸杞子20克，猪肉30克，精盐、黄酒、味精适量。

制法：将猪肉和枸杞子分别洗净，猪肉切成丝状。在锅中加入适量油，将以上材料一同放入锅中炒熟，然后加入适量的精盐、黄酒和味精。

> **功效**：可滋阴益肾，适合老花眼患者，特别是伴有口干舌燥和五心烦热症状的人群。

3.枸杞子炖鳖

材料：枸杞子20克、鳖250克、姜、葱、蒜、盐、味精、黄酒适量。

制法：将枸杞子洗净，鳖处理干净切成块放在碗中。将鳖肉入锅煮沸，加入枸杞子、葱、姜、蒜、盐、味精和黄酒，隔水蒸半小时。

> **功效**：补益肝肾，适合老花眼患者，特别是伴有口干口苦和心烦意乱症状的人群。

4.花生仁牛奶

材料：花生仁酱 15 克，绵白糖 20 克，牛奶 250 毫升，精盐 1 克。

制法：将花生仁酱、绵白糖和精盐放入锅中，慢慢倒入牛奶，一边倒一边搅拌均匀。然后将锅放在小火上加热，快沸腾的时候关火即可。每天早晚各喝一次。

> **功效**：此饮品适合气血两虚型老花眼患者，主要症状为脸色发黄、视物模糊，同时伴有头晕心悸、全身无力和舌淡少苔。

5.松子仁粥

材料：松子仁 10 克、大米 50 克。

制法：将松子仁洗净后放入锅中，加入 500 毫升水，再放入大米。先用大火煮沸三分钟，然后改用小火煮半小时，趁热食用。

> **功效**：此粥具有滋阴补肝的功效，适合老花眼患者伴有头晕目眩的症状。

6.鸡肝粥

材料：鸡肝一对、大米 50 克。

制法：将鸡肝洗净切成细末，与大米一同放入锅中，加入适量水。先用大火煮沸，然后改用小火煮熟为止。每天早晨空腹喝一次。

> **功效**：明目清肝，特别适合老年青光眼、黄斑变性、老花眼以及夜盲症和白内障患者。

在饮食方面，应注意营养的均衡摄入，合理补充维生素。建议多食用黑芝麻、黑豆、奶类、动物肝脏、胡萝卜以及菠菜等食物，以养护眼睛的健康。此外，多做眼睛保健操或转动眼球有助于改善眼睛的疲劳状态。养成良好的用眼习惯，保护好视力，避免长时间连续用眼，每隔一小时至少休息 10 分钟。

小腿抽筋，光补钙就够了吗

正如古人所言，"水能载舟，亦能覆舟"，肾虚同样可能导致骨质疏松。如果把身体当成"水"，就要学会利用身体的自我调节功能来改善身体，比如养肾、护肾、健肾。在现实生活中，许多老年人常常遭遇腿部抽筋的困扰，当他们寻求医生的帮助时，大多数情况下会被诊断为骨质疏松症，通俗的说法就是缺钙。因此，在治疗过程中，针对缺钙问题，人们通常会采取最直接的方法——补充钙质。

补钙是否有效呢？对于部分病人来说，补钙确实有一定的效果。然而，一旦停止服用钙片，他们的腿部抽筋问题立即复发。

这类病人经常会提出疑问，难道他们需要终身服用钙片吗？甚至直到生命的最后一刻？

人体是一个极其精密的系统，如果每天都需要依赖钙片来维持健康，那么这无疑表明治疗方法存在问题。为了进一步阐述这个问题，先讲一个关于蓄水塘的故事。

在农村种植水稻的过程中，通常会在一片水田的上方挖掘一个水塘。这个水塘的作用是收集雨水，蓄满一塘水。在天气炎热、长期不下雨的情况下，农民会打开闸门，将水放出，用于浇灌下方的田地。

如果这个水塘突然漏了，就没有水可以灌溉了，那庄稼就遭殃了。池塘底部有漏洞，无论下多少雨，雨水都无法填满池塘。同样，缺钙的病人也是如此。人体内的所有钙就像这个池塘里的水，老人每天吃钙片却仍然缺钙时，应该考虑一下，是不是人体这个"储存钙的池塘"也在漏水呢？如果是的话，那我们再怎么补钙也无法阻止钙的流失啊！

关于人体钙质流失的责任归属，应寻求谁负责？古人说："肾主骨，肾主封藏！"当肾脏功能不足，封藏能力下降时，病人骨骼中的钙质才会出现流失。因此，补肾既能增强封藏能力，也能修补漏洞。只有这样，才能确保"储存钙质的池塘"不缺乏钙质！

张某，女性患者，75岁，三年多来一直受到双小腿抽筋的困扰。在这期间，她的双小腿肌肉痉挛时断时续，严重的时候每天发作四五次，而且还伴随着行走无力和夜尿频多的症状。经过医院的骨密度测定检查，她被诊断为骨质疏松症，并接受了补钙治疗。虽然这种治疗可以控制症状，但只要停药一周，上述症状就会复发。

某医生给老人开了一个处方：淫羊藿和小伸筋草，每日1剂，连续服用7天。这七剂药总共花费了十来块钱，但老人在服用完这七剂药后，半年内腿部没有再出现抽筋的情况，夜尿频多也得到了改善（当然这是在半年未服用钙片的前提下）。半年后，患者的腿抽筋症状复发，某医生让她按照之前的方子再抓七服药，服用后至今没有复发。

腿抽筋方

材料：淫羊藿 30 克、小伸筋草 15 克。

制法：将淫羊藿、小伸筋草以水煎服，每日一剂，连用七天。

> **功效**：补肾除湿，舒筋活络。

有人可能会问，为什么缺钙会导致腿抽筋？其实这个问题可以换个角度思考，那就是，为什么肾虚会导致腿抽筋？

在《黄帝内经》的病机十九条中有一条说："诸痉项强，皆属于湿！"也就是说，腿抽筋和腿部肌肉痉挛都是由湿邪引起的。湿邪停留在小腿部，才会出现小腿肌肉痉挛。那么，湿邪是如何形成的呢？

当肾虚发生后，水液的代谢就会出现障碍，导致水湿停留。明白了这些，也就明白了补肾治疗腿抽筋的真正意义。前面开的处方中，淫羊藿是温补肾阳的药物，肾阳充足了，水湿自然就消散了；小伸筋草具有舒筋活络、祛风除湿的作用，筋骨得到了舒展，筋中的湿邪被排除，腿抽筋的问题就能得到缓解。

中药虽然好，也不可能天天吃，有没有简单一点儿的食疗方法呢？下面再推荐一种方便的食疗方法。

试试每天喝一杯黑豆核桃浆。制作方法很简单，只需取 50 克黑豆和四枚核桃仁，放入料理机中加水搅拌成豆浆即可。这个配方是供 2 ~ 3 人享用的，可以和家人一起分享。这种豆浆具有补肾除湿的功效，长期饮用，腰酸腿软、腿抽筋的问题会逐渐减轻。

心理负担越重，老得越快

在国际上，曾经进行过一项权威调查，该调查总结了各种影响寿命的因素，包括生活习惯、饮食、环境质量等等。在这项调查中，科学家认为影响寿命的因素中，排名第一的是人际关系。

我们可以思考一下，如果我们与身边最常见的人的关系出现问题，例如与父母、领导、同事或伴侣之间的关系出现问题，该怎么办？你总是对他们心生不满，感到隔阂重重。每次看到他们，你的心都会感到压抑和不安。无论是在工作场所还是在家中，你都在折磨自己。长期的内耗对人的伤害是最大的，而人际关系对人健康的影响主要体现在情绪上。

中医将情绪分为五种：怒、喜、忧（思）、悲、恐，分别对应五脏：肝、心、脾、肺、肾。过度的怒气会伤害肝脏，过度的喜悦会伤害心脏，过度的忧思会伤害脾脏，过度的悲伤会伤害肺部，过度的恐惧会伤害肾脏。因此，在临床上，通过调理相应的经络穴位来缓解相应的情绪问题，效果非常显著。

例如，发怒时，气最容易积聚在肝经的募穴期门穴，这个穴位位于乳房下方。如果在这个时候按摩一下期门穴，将气疏通开，人会打嗝儿或放几个响屁，这时就会感觉怒气消散了一大半，无法再发脾气了。如果不去处理这个问题，这个地方的气会越聚越多，最终可能导致乳腺问题，如结节、增生，甚至可能发展成癌症。

再比如，当人们面临恐怖的情况时，他们会感到全身冷汗直冒，不自觉地夹紧双臂。在这种情况下，恐惧的气息容易聚集在人体两侧的京门穴附近。为了缓解这种不安，可以尝试疏通肾经的募穴京门，这样人就会感到很安定。

在悲伤的时刻，除了按摩肺经的募穴中府穴，还可以轻轻揉一下腹部心经的巨阙穴。这样做会让人感到心情舒畅许多。这是因为情绪的气场会影响经络的通畅，从而导致身体出现问题。

我曾与一位心理咨询师朋友交流过，我提出了一个问题：如果一个人长期情绪低落，他的身体经络必然是堵塞的。如果我们只关注调节心理，而忽视调整身体，那么治疗效果肯定不会理想。对于抑郁症等心理问题，我们可以从两个方面入手：一方面疏通郁结的经络，另一方面帮助对方化解心结。只有身心通畅，健康才能恢复。

再说一个原来遇到的抑郁症的案例，是一位女士，她长期心情低落，但在我为她疏通肝经后，她的抑郁情绪得到了缓解，变得非常开心。这个例子说明了通过身体调理可以改善心理状态。

关于如何正确处理情绪，儒家经典《中庸》中也提供了很好的指导："喜怒哀乐之未发，谓之中，发而皆中节，谓之和。致中和，天地位焉，万物育焉。"

当这些情绪得到适度的表达时，我们称之为"和"。只有达到这种中和的状态，天地才能和谐，万物才能生长。这意味着，我们应该保持内心的平静，不受过多情绪的干扰，让身心处于安定的状态。

我们不要自寻烦恼，追求那些看似快乐、兴奋、刺激的事物。相反，如果我们能以一颗平静的心、平常心去生活，安于当下，那么这就是所谓的"中"。

"发而皆中节"，其含义何在？此语意指，在需要表达情绪时，应恰如其分、合时宜且有节制。例如，当遭遇令人伤心之事，众人皆感悲痛，而你却在此时大笑，这便是不合时宜的表现。

同理，在与他人交流时，若能体察对方的情感，并能根据对方的

状态给予适当的情感回应，这便是所谓的"和"。

若能将这种"和"修炼至炉火纯青之境，无论身处何种场合、面对何种人，皆能与之达到和谐共处的状态，这便是"致中和"的境地。

此外，"中节"还有另一层含义，即要有节制。

古人有云："哀而不伤。"当亲友离世或遭遇伤心之事时，适当地哭泣和表达哀痛是合理的。然而，过度的悲伤会伤害肺经。因此，"中节"指的是要有节制，不能让情绪像洪水一样肆意泛滥。只有达到"中和"的境界，天地才能各归其位，万物才能健康成长。这是中国古人对生命健康的一种解读。

动与不动，状态差别很大

如今，"生命在于运动"这一观念已深入人心。古人亦有云，"流水不腐，户枢不蠹"，意指事物常新，生命力旺盛。药王孙思邈认为，运动能使"百病除行，补益延年，眼明轻健，不复疲乏"。

在中医的理论中，阳气被视为生命的根本。运动被认为可以提升阳气，当阳气得到增强时，生命力自然会提高。现代文明崇尚体育锻炼和竞技运动，有研究表明，运动可以减少患癌的风险。从生理学和解剖学的角度来看，这一观点具有一定的科学性。

运动具有许多益处，现代研究发现，运动可以有效地增强人体的免疫功能；提高抗氧化酶的活性，有效清除自由基；保持体型，防止肥胖；改善消化和排泄功能；消除不良情绪。所有这些都对预防癌症非常有益。

从中医的角度来看，运动对五脏有益。脾主四肢和肌肉；肝主筋；肾藏相火；心主神；肺主气，负责呼吸。主动进行深呼吸可以畅通肺气，使浊毒更容易排出体外。因此，深呼吸不仅有助于缓解紧张、焦虑等情绪，还能帮助排出因抑郁、忧愁、生气、怨恨、烦恼等不良情绪导致的痰浊水饮瘀血等。运动锻炼不仅能促进血液循环，还可以通过深呼吸加强肺的排浊功能，从而有益于健康。如果五脏阳气通畅，自然能降低癌症的发生概率。

运动应该适度，过度的运动反而会消耗阳气。阳气是生命的基础，过度消耗阳气就等于消耗生命。《黄帝内经·素问》中明确指出："五劳所伤：久视伤血，久卧伤气，久坐伤肉，久立伤骨，久行伤筋。"过度的运动会损害健康。

我们提倡大家要经常运动，但是不主张过量运动。运动是非常能锻炼意志的，但对保养肾精并无帮助。有些人追求肌肉的健硕，这是运动增强了脾气散精的功能。但是，如果为了追求肌肉而忽视了脾气的健硕，那么脾气就会散精于外而反虚于内，这就得不偿失了。

我认识一个年轻的病人，他是个长跑运动员，他的肌肉像施瓦辛格一样健壮，但他的脉象显示他脾虚。他的身体就像一座没有稳固基础的大厦，外表看起来很强壮，但内部已经受损。一旦中气再损，就会导致疾病。

奥运会的一些运动项目很好，但运动员为了赢得金牌，不得不透支生命能量。因此，他们常常身体多病，甚至难以长寿。从中医的角度来看，这是过度消耗肾精，过度劳累，汗出淋漓，如果再感染邪气，邪气就会深入体内。

从中医的角度看，秋冬是阳气潜藏的季节。若在这个时期从事大量运动，就是逆反四时规律。当然，冬天也可以进行运动。在晴朗的日子里，可以去公园晒晒太阳，散散步，打打太极，做做瑜伽，让身体微微出汗，这样的运动是合适的。

运动的最佳时节是夏季。夏季阳气外泄，毛孔张开，进行一些汗流浃背的运动也无妨。当然，如果夏天过度运动也会损伤阳气，同样对健康不利。

在中医养生的观念中，运动应当适度，以微汗为宜，而不是大汗淋漓。适当的运动有助于养生，使阳气升发而不耗，周身气血运行略加快，脏腑机能趋于平衡，这就是最佳的效果。

要达到这样的效果，有以下几点要求：

第一，应尽量选择风景秀丽、空气清新的运动场所。

第二，运动时应保持微汗，此时阳气自内向外透出，带动汗液排泄；阳浮于外而内阳偏虚，因此切不可喝冷饮，否则最易导致排汗不畅，甚至反引邪内入。

第三，诸多运动中以跑步最为方便，此法老少咸宜，或慢或快，皆可随意，且排汗最畅。

对于中年人来说，阳气渐虚，体力必然弱于青年。那么，中老年人应该如何运动呢？孙思邈提出："养性之道，常欲小劳，但莫大疲及强所不能堪耳。"这个观点适用于中老年人，他们的身体正气尚弱，运动必须适度，并选择适合自己的运动方式。有些老年人不愿意接受自己年老的事实，强行进行年轻人的运动，这是逆反自然的行为，结果往往事与愿违。

对于一种运动，我持有强烈的反对态度。尽管这种运动方式在某些人中非常流行，即冬泳。

根据中医理论，冬泳是不可取的。冬季天气寒冷，人体需要保持体温以使阳气得以收藏。若受到寒邪的刺激，内藏的阳气会外浮以抵御寒冷，从而导致阳气外泄。

此外，冬天人体的阳气收藏是肾根的基础，为来年木气升发提供支持。如果不慎接触寒湿，人体不得不调动内藏的阳气，使其升浮于体表以御寒。这样做会导致真阳被妄耗，使阳气无法潜藏。尽管冬泳可以刺激机体提高抗寒能力，暂时有助于预防感冒，但阳气外泄、肾根逐渐受损，长期下来必然导致严重的疾病。

有人提出疑问，为何有80多岁的老人坚持每天游泳，无论冬夏，身体却依然非常健康？对此，我有以下观点：

第一，每个人的体质不同，偏阳盛的人往往不怕寒冷，就像一些外国人在严寒的冬天仍然穿着短裤，似乎并未生病。然而，我们不能盲目效仿他们的行为。

　　第二，虽然冬泳者外表强壮，但实际上内部可能并不如此，尤其是阳气受损的情况下，更容易突发疾病。

　　在我看来，冬泳或者"冬练三九"对于锻炼意志力是有益的，但对于身体健康来说，却没有任何好处。毕竟，冬天是阳气收藏的季节，如果能够深藏阳气，就尽量不要妄动。

　　想长寿怎么动呢？五禽戏、八段锦、太极拳，这类静功都能活络经脉，固腰肾。动与不动，动与妄动，相信您心中已经有答案了。

第五章

小儿疾病，吃美食
比吃药更易接受

小儿退热最担心不良反应

孩子发热时，怎么办？第一步要先判断轻重缓急，是重症发热普通感冒发热，还是正常的变蒸发热。

重症发热，一般会出现神志不清、大便几天不通、抽搐频繁、持续高热三天不退，只要有其中一项，以及有过惊厥史的小儿，都需要及时就医，不适合在家处理。

另外，有些发热虽不是重症，但比较复杂，比如在发热时，还有其他症状如上吐下泻、咳嗽、皮疹、孩子情绪极度烦躁等，也需要及时就医。

除了上面的几种情况，轻易不要给宝宝吃退热药，因为这些药会对幼儿的免疫力造成破坏。在发热的过程中，家长一定要给孩子补

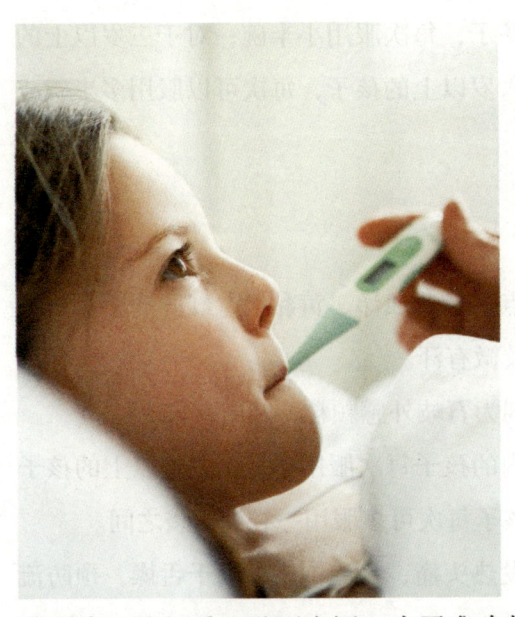

充大量的水分，少量多次地给孩子喝温水或者汤饮。另外，可以配合食疗，给孩子喝点米汤，可以起到健脾养胃、补充津液的作用。

下面讲一些常用的食疗方，不过还要重申一下，需要辨证分析。

1. 风寒感冒

在中医辨证中，风寒发热的主要特征包括清鼻涕、清稀痰、淡红舌以及不出汗。为了准确判断孩子是否患有风寒发热，需要符合以上所有证型，只要有一个不符合，就需要继续进行辨证。

举例来说，如果孩子的鼻涕和痰液不是清稀的，而是黄色的，这可能意味着病情已经转化为热证；或者孩子的舌头呈现红色，也说明病情已经转化为热证；又或者孩子经常出汗，这也不属于风寒发热的特征。因此，在判断孩子是否患有风寒发热时，必须综合考虑多个因素。

接下来介绍一款治疗孩子风寒发热的食疗方——葱姜豆豉汤。

材料：葱白1段（留根须）、生姜2片（带皮）、淡豆豉（药店购买）5克。

制法：将葱白切成3厘米长短的一小段，生姜切成一元硬币大小、薄厚的2片，加入5克淡豆豉，煮开锅后再熬5分钟即可。最好在饭后半小时左右服用。

用量：对于三岁以下的孩子，每次服用小半碗；对于三岁以上的孩子，每次服用半碗；对于六岁以上的孩子，每次可以服用多半碗或一碗。

作用：温中散寒、退热。

2. 风热感冒

风热感冒的中医辨证要点包括黄浊涕、黄黏痰、红肿痛（舌头、咽喉、扁桃体、淋巴结）以及微有汗。

针对孩子风热感冒的方剂为石岐外感颗粒，药店有售。

用量方面，一到三岁以内的孩子每次服用半袋，三岁以上的孩子每次服用一袋，六岁以上的孩子每次可多服用一袋到两袋之间。

效果：用于外感引起的发热头痛，食滞饱胀，喉干舌燥，预防流行性感冒。

3. 夹惊发热

夹惊发热的中医辨证要点：警惕哭闹、睡眠不安和手足动。

治疗孩子夹惊发热的外用疗法：采用菊花枕和石岐外感颗粒。

配方：100 克白菊花、100 克绿豆衣、200 克蚕沙，可在正规中药店购买。

作用：菊花枕是一种特别有效的治疗孩子惊吓上火的外治方法，源自隋代巢元方的《诸病源候论》，专门针对小儿容易化热生火的体质特点而设计。

4. 积食发热

积食发热的中医辨证要点包括以下几个方面：食欲不振、腹胀、口臭、舌苔红厚黄、大便不调以及睡眠不佳。

除了上述提到的三个症状之外，积食还可能表现为呕吐酸臭或未消化食物、口腔溃疡、手足心热、出汗以及过敏等症状。

　　然而，这些症状并非必然出现，因此主要依据上述三组症状来判断证型。

　　针对孩子积食发热的食疗方为山楂陈皮大麦汤。

　　材料：山楂 8 克、陈皮 6 克、大麦 8 克。

　　制法：将山楂、陈皮、大麦用水煮开，再熬煮 5 分钟即可。饭后半小时以上服用。

　　用量根据孩子的年龄而定：三岁以下的孩子一次喝小半碗；三岁以上的孩子一次喝半碗；六岁以上的孩子一次可以喝多半碗或者一碗。酌情频繁服用，服药后汗出热退即可。

　　作用：消积食，平时脾胃消化不好、脾胃虚弱的孩子建议经常食用。

小儿偏食厌食，怎么让他吃

　　俗谚有云："儿食一口，娘喜心头。"然而，现实中却存在许多儿童不愿进食，导致面色憔悴、身体消瘦的现象。这不仅直接影响到他们的生长发育，还可能导致抵抗力下降。同时，部分儿童还可能反复患上呼吸道感染，成为家长们心中的一块痛。在医学领域，这种情况被称为厌食症。

　　中医的治疗方法可以为处理小儿厌食症提供有益的辅助。中医认为，小儿"脏腑娇嫩，形气未充"，"脾常不足"是小儿厌食的生理原因。病理方面，常因喂养不当、他病伤脾、先天不足、情志失调等原因引起。治疗原则是运脾开胃。

1. 辨证施治：中医依据不同症状和体质，对每位小患者进行个性化的治疗。常见的症型包括脾胃虚弱、肝郁脾虚、痰浊阻滞等。对于脾胃虚弱，中医医师可能会开具温和的中药来增强脾胃功能。对于肝郁脾虚，疏肝健脾的中药更加合适。对于痰浊阻滞，治疗时需要采用理气化痰、宁心安神的治疗方法。辨证施治可以帮助平衡体内的能量，改善食欲和消化。

2. 中药治疗：中成药中具有疏肝健脾、消食导滞、健脾和胃功能的药物都有助于改善小孩的食欲。

3. 膳食疗法：进食易于消化的食物，如山药粥、小米粥、馄饨、稀饭、新鲜水果和蔬菜等，并且避免生冷、辛辣、油腻和刺激性食物，也有助于改善食欲。

下面给大家推荐几个治疗小儿偏食厌食的食疗方。

1. 理脾化滞汤

组成：茯苓 10 克，藿香 10 克，木香 3 克，川朴 3 克，川连 3 克，砂仁 3 克，焦曲 10 克，鸡内金 3 克，栀子 6 克，焦谷 10 克，稻芽 10 克。

制法：水煎服，每日 1 剂，日服 3 次。

> **功效**：清热化滞，理脾助运。适用于脾胃不和、不爱吃饭、挑食、饮食不规律的儿童。

2. 消积散

组成：焦神曲 4.5 克，焦山楂 4.5 克，焦麦芽 4.5 克，鸡内金 1.5 克，枳壳 3 克。

制法：上药共研细末，每日 1 剂，包煎，加水 500 毫升，煎至

100毫升，分 3 次服。病情严重者，用量可加倍。

> **功效**：消食导滞。适用于饮食失调、喂养不当、影响受纳运化的儿童。

3.凉润增食汤

组成：沙参 10 克，麦冬 10 克，扁豆 10 克，玉竹 10 克，天花粉 10 克，山楂 7.5 克，麦芽 7.5 克，鸡内金 7.5 克，百合 15 克。

制法：水煎服，每日 1 剂，日服 2 次。

> **功效**：滋补胃阴，增进食欲。适用于脾胃阴虚的儿童。

4.导滞运脾方

组成：北条参 10 克，炒白术 6 克，炒扁豆 8 克，炒薏米 8 克，炒枳壳 6 克，砂仁 3 克，槟榔 8 克，胡黄连 3 克，莲米 8 克，乌梅 6 克，焦三仙 18 克。

制法：上方药量系 3 ~ 5 岁 1 日煎剂量，可根据年龄大小酌情增减。

> **功效**：导滞运脾。适用于脾失不运、饮食积滞的儿童。

5.山药二米粥

组成：大米 50 克，小米 50 克，山药 20 克。

制法：取大米、小米与适量山药共煮粥食之。也可加入红枣、萝卜、山楂等。

功效：健脾暖胃，对小儿厌食有很好的作用。

6.鸡肉豆蔻汤

组成： 鸡肉 50 克，牛肉 50 克，肉豆蔻 5 克，丁香 5 克，茴香 5 克，桂皮 3 克，盐适量。

制法： 用鸡、牛肉或排骨煮汤，煮时加入肉豆蔻、丁香、茴香、桂皮等。食用时加入适量盐。

功效：开胃健脾，有助于小儿厌食的改善。

7.鸡内金消食饼

组成： 鸡内金 2 个，干面粉 100 克。

制法： 取鸡内金两个，放于瓦上，用微火焙干研末，配干面粉做成薄饼食用。

功效：对治疗小儿疳积、厌食的效果很好。如果再掺点芝麻、细盐或白糖，味道更美。

8.猪肝苍术汤

组成： 猪肝 50 克，苍术 6 克。

制法： 取猪肝和苍术加水煮熟。吃肝喝汤。连服 7 天。

功效：治小儿厌食，适合厌食症小孩肚子胀、没力气、没胃口，大便稀、舌苔腻的情况。苍术祛湿力量比较强，且简单有效。

9.橘皮饮

组成： 鲜橘皮 20 克，白糖 10 克。

制法： 取适量鲜橘皮，将其洗净切成条状，再放入适量白糖拌匀。置于阴凉处存放 7 天。在小儿进餐时取少许配菜吃。每天 1 ～ 2 次。

> **功效**：行气醒脾开胃。对小儿厌食有帮助。

小儿便秘，强泄伤肠胃

小儿便秘经常困扰家长，因为小儿不宜用西药导泻，而中医食疗无疑是一种简便易行的方法。

小儿便秘表现为排便次数减少，大便干燥、坚硬，秘结不通，或排便时间间隔长且无规律，或有便意但排不出大便。

小儿体质不同，需根据中医辨证法施治才能取得满意的效果。

1. 积热便秘

症状：干燥如羊粪，排便困难，腹胀痛，食欲差，口臭，手足心热，舌红苔腻。

南瓜根汤

材料：南瓜根 50 克，蜂蜜 15 克。

制法：将南瓜根洗净切碎，加水煮煎成浓汁，然后加入蜂蜜饮用。

> **功效**：清热通便。

番泻菠菜蛋花汤

材料：番泻叶 3 克，鸡蛋 1 枚，菠菜 30 克，盐适量。

制法：将鸡蛋捣碎，菠菜洗净备用，番泻叶加水煎汤取汁。然后加入鸡蛋、菠菜和盐，煮沸后食用。对于 7 岁以上的人，番泻叶可以用 5 克，但身体虚弱的人不宜加量。

> **功效**：泄热通便。

2.气虚便秘

症状：大便时便秘，排便困难，或大便先干后稀，伴有消瘦、乏力和食欲不振，舌淡苔薄。

黄芪莱麻粥

组成：黄芪 12 克，莱菔子 20 克，火麻仁 20 克，粳米 50 克。

制法：将黄芪、莱菔子、火麻仁洗净，烘干后打成细末，倒入温水中搅拌，待沉淀后取汁备用。将粳米加入汁中煮粥食用。

> **功效**：补气通便。

松子仁粥

材料：松子仁 25 克，粳米 50 克，白糖 10 克。

制法：将粳米加水煮熟前，加入松子仁及白糖煮至粥成。

> **功效**：健脾润肠。

3.阴虚便秘

症状：大便干结，盗汗，怕热，口干舌燥，舌红苔剥。

银耳甘蔗汁

材料：银耳 15 克，甘蔗 1 根。

制法：将银耳洗净泡软，加水煮熟。将甘蔗榨汁倒入银耳中调和食用。

> **功效**：养阴通便。

玄参麦冬粥

材料：玄参 12 克，麦冬 12 克，粳米 50 克。

制法：将玄参、麦冬加水煮 20 分钟，取汁去渣。将粳米加入汁中煮粥食用。

> **功效**：滋阴润肠。

4. 血虚便秘

症状：大便难解，头晕眼花，面无血色，唇及指甲苍白，舌质淡。

首乌大枣粥

材料：首乌 15 克，大枣 12 克，粳米 50 克，冰糖 15 克。

制法：将首乌加水煮 20 分钟，去渣留汁，加入粳米煮粥，再加入大枣、冰糖调化食用。

> **功效**：补血通便。

在治疗儿童便秘的过程中，我们应当重视对饮食的调整。首先，应限制儿童食用油炸食品、蛋糕、饼干等儿童食品。其次，要经常提醒儿童多喝水。最后，应鼓励儿童多摄入胡萝卜、青菜、竹笋、薯类、玉米、豆类等富含纤维的食物。

另外，改变生活习惯也是至关重要的。我们应该培养儿童早睡早起和晨起排便的良好习惯。只要坚持一段时间，便秘状况就会有所改善。

　　对于便秘特别严重的儿童，在医生的指导下可以使用泻剂进行治疗。然而，我们必须强调，切不可自行滥用或长期使用泻剂，否则便秘问题可能会变得更加严重。

小儿腹泻需辨证，从源头解决问题

　　对于家长而言，小儿腹泻是一个令人头痛的问题。在临床实践中，严重的小儿腹泻可能会持续数十天之久。由于摄入的食物营养无法充分吸收，小儿容易变得消瘦。更为严重的是，腹泻的侵袭还会导致小儿的抵抗力下降，从而使其他疾病更容易乘虚而入。

　　为什么小孩子如此容易患上腹泻呢？导致小儿腹泻的原因有很多，但在中医的观点中，小儿腹泻主要是由伤食、感受外部不利环境或脾胃虚弱所致。

　　《黄帝内经·素问·痹论》中指出："饮食自倍，脾胃乃伤。"对于成人而言，过量进食对脾胃的伤害已经很大，更何况是小孩子这个脏腑娇嫩的群体。

　　小儿的发育尚未完全成熟，如果家长缺乏科学的喂养知识，或者饮食稍有改变，例如对添加的辅食不适应、短时间内添加的种类过多，或者一次喂食量过大、突然断奶等，都会对脾胃造成一定程度的损伤。

　　此外，饮食不当也会对脾胃产生负面影响。例如，摄入难以消化的蛋白质食物，或者食用过多生冷寒凉的食物等，都会导致脾胃功能受损，进而影响其运化水湿的能力。这样一来，脾胃无法有效消化食物，未被消化的食物会大量涌入大肠，从而引发腹泻。

小孩子的脏腑娇嫩，气血也不够充足，因此很难适应四季的寒暑温凉变化。特别是在季节交替的时候，气温变化大且没有规律，这很容易影响到孩子的消化功能。比如，当气温降低时，身体受凉会加速肠道蠕动；天气过热时，消化液分泌会减少；秋天早晚温差大，小肚子容易受凉等，都可能导致孩子腹泻。

此外，由于孩子的全身和胃肠道免疫力较低，所以只要食物稍有污染，也可能引发腹泻。还有，由于孩子的抵抗力较弱，他们很容易患上呼吸道感染，如感冒、肺炎、中耳炎等，这些疾病也常常可能引起腹泻。

在中医的理论中，小儿腹泻的发生是由于肠道内的水分无法正常排出。那么，为什么水分会停留在肠内呢？原因很简单，那就是脾胃功能虚弱。我们知道，脾脏对寒湿非常敏感，它的主要职责之一就是将体内的水湿排除。

然而，当小儿的脾气不足时，脾脏就无法完成这项任务，导致水分滞留在体内，最终引发腹泻。

伤食型：

症状： 脘腹胀痛，痛则欲泻，泻则痛减，粪便酸臭，或如败卵，口淡无味，饮食少思，食后腹胀，口臭纳呆，恶心呕吐。舌质红，苔厚腻或黄腻，脉实有力。

病机： 食积中焦，气机不畅，运化失职。

治法： 消食导滞。

食物调理： 粳米胡萝卜。

用料配方： 胡萝卜 250 克，粳米 50 克。

制法：将胡萝卜洗净切片，与粳米同煮为粥。

> **功效**：宽中下气，消积导滞。

用法：空腹食，每日 2 次。

风寒型：

症状：泄泻清稀，大便色淡，泡沫较多，臭气不甚，肠鸣腹泻腹痛，鼻塞，流涕，身热。舌苔白腻，脉浮濡细或滑而有力。

病机：风寒外感，寒客胃肠，运化失司。

治法：疏风散热。

食物调理：葱白粥。

用料配方：肥大葱白适量，糯米 60 克，生姜 5 片，米醋 5 毫升。

制法：将葱白切成 3 厘米长的段 (5 段)，再同糯米、生姜共煮粥，粥熟加米醋，稍煮即成。

> **功效**：发表散寒，温中通阳。

用法：趁热服食，每日 2 次。

湿热型：

症状：泻下稀薄，水分较多，或如水注，每日数次或数十次，粪色深黄而臭，或见少许黏液，腹部时有疼痛，食欲不振，肛门灼热，伴湿热之象，小便短赤，发热口渴，舌苔黄腻。

病机：湿热蕴结，传化失司，下注大肠。

治法：清热利湿。

食物调理：苦荬菜粥。

用料配方：苦荬菜 (鲜者)400 克，粳米 50 克。

制法：夏季取苦荬菜 (鲜者) 与粳米煮粥。

> **功效**：清热解毒。

用法：任意服食。

脾虚型：

症状：久泻不止，或反复发作，大便稀溏，或呈水样，带有奶瓣或不消化食物，食后作泻，色淡不臭，时轻时重，神疲纳呆，面色少华。舌质淡，苔白微腻，脉虚弱。

病机：脾胃阳虚，清阳不升，运化失职。

治法：健脾益气。

食物调理：桂圆橘饼糖。

用料配方：橘饼 100 克，桂圆肉 100 克，白糖 500 克。

制法：（1）将白糖放入锅内，加清水适量，用文火煎熬至稠时，加橘饼、桂圆肉，调匀，再继续煎熬至用筷子挑起糖液呈丝状时，停火。（2）将糖液倒入涂有植物油的搪瓷盘内摊平，稍冷，即用刀划成条，再划成小块即成。

> **功效**：健脾止泻。适用久泻、久痢等症。

用法：每日 3 次，每次 3 块，连服数日。

寒湿型：

症状：大便每日数次或数十次，色较淡，可伴有少量黏液，无臭气，精神不振，不渴或渴不欲饮，腹满。舌苔白腻，脉弱无力。

病机：寒湿困脾，水谷不分。

治法：温化寒湿、健脾分清。

食物调理：砂仁肚条粥。

用料配方：砂仁 10 克，猪肚 1000 克，花椒、胡椒末、葱白、生姜、味精各适量。

制法：将猪肚洗净，用沸水烫一下，刮去内膜，放入砂锅中加水加花椒、生姜、葱白煮熟后，捞起猪肚晾冷切条，再将原汁烧开下肚条、砂仁、胡椒末、味精等，文火炖煮20分钟即成。

功效：健脾止泻。适用久泻、久痢等症。

用法：喝汤吃肚。

总尿床，不是水喝多了

小儿遗尿，亦称为尿床，是指年龄在5岁及以上的儿童在夜间睡眠时每周至少出现2次不自主排尿的情况，并且这种情况持续发生一段时间。

中医理论中提到："肾司开合，为主水之脏……而膀胱为水腑。"这句话的意思是，肾是主要控制小便功能的脏腑之一，另外一个是膀胱。简单来说，肾和膀胱是负责控制尿液排泄的重要器官。

小儿遗尿是由于肾和膀胱功能失调所引起的。在进行食疗调理之前，我们需要先进行辨证论治。我们应该排除病理因素后，再进行辨证分析，然后才能进行食疗调理。小儿遗尿的原因多种多样，常见的包括脾肺气虚、心肾不交以及肝经湿热等。根据中医理论来调理小儿遗尿，我们的调理方向应该是温肾固涩。

而中医治病有"异病同治"的法则，在面对孩子经常尿床的情况下，我们如何通过食疗来调理呢？下面是关于调理孩子心肾不交、肝经湿热型遗尿对应的不同食疗方。

肾阳虚——肾气不足

肾阳虚，属于寒证范畴，心肾不交为虚证。孩子肾气不足，导致体内阳气不足。因此，在夜间，膀胱虚冷，容易出现尿床问题。而心肾不交的孩子会出现烦躁不安的情况，睡眠不稳定，夜间多梦等表现。

具体症状还包括：形体较瘦，手足心发热，肢冷畏寒，容易感冒，注意力不集中，夜间梦多，遗尿，小便清长，舌淡苔白。

针对这种情况的孩子，可用益智仁炖牛肉粥进行调理。

心肾不交引起的小儿遗尿需要温补肾阳，滋肾清心。益智仁炖牛肉粥，这一食疗方中使用的益智仁具有益脾胃、理元气、补肾虚的功效。

益智仁是一种既能温脾又能暖肾的食材。本食疗方适用于心肾不交、肾气不足的小儿遗尿患者服用。

益智仁炖牛肉粥

材料：益智仁 10 克，牛肉 30 克，清水适量，食盐少许。

制法：将益智仁和牛肉分别洗净，牛肉切成小块。将上述材料一同放入炖锅中，加入适量清水，隔水炖煮 2 小时后加入食盐调味即可。

> **功效**：安中益气，养脾胃，补益腰肾，止消渴垂涎，强筋骨。

需要注意，益智仁性温，温燥而易伤阴，因此阴虚火旺及有湿热的孩子忌服。

肝胆湿热

肝经湿热蕴结，疏泄失常，导致湿热迫注膀胱而引发遗尿。肝经湿热的存在，耗灼津液，进而迫使其进入膀胱，因此孩子在睡眠中会不自觉地排尿，并且尿液呈现黄色、量少，且具有腺臭的气味。这样的孩子通常会表现出心情急躁，特别容易发脾气的特点。

具体症状包括，夜晚遗尿时尿液量少且呈黄色，面色和口舌呈现红色，舌苔呈现黄色，晚上入睡后容易做梦、磨牙，以及手脚喜欢露在被子外。

桑菊饮

根据肝经湿热所致的实证尿床，调理的主要思路是以清泻肝热、利湿利尿为主，以排出体内湿邪和热邪。

材料：桑叶、菊花各 6 克，甘草 3 克，清水适量。

制法：将桑叶和菊花洗净备用。在锅中加入适量的清水和甘草，大火煮沸后转小火煮 3 分钟。加入桑叶和菊花，继续煎煮 3 分钟即可。去渣取汤饮用。

> **功效：**桑叶具有苦寒的性质，能够散风热、清肝热，抑制热邪，并具有清热润燥的功效。菊花则能清肝泻火、平降肝阳、疏散风热，轻清宣散。两者协同使用，能够很好地将燥热之邪宣散外出。此外，甘草还具有补益心气的作用。

综上所述，以上药材的搭配适用于因肝经湿热引起的小儿遗尿服用。

需要注意，与薄荷一样，桑叶和菊花这样体轻宣透的食材具有疏风清热的作用。在煎煮时，需注意不要久煮，以发挥其最佳效用。

通用食疗方：黑豆花生仁猪尾汤

对于家中有小儿遗尿问题的孩子，母亲们可以尝试煮制这道经典的家常汤，这样家中的每个成员都可以享用。

材料： 一条猪尾，黑豆 30 克，花生仁 30 克，生姜 3 片，少许食盐，以及适量的清水和料酒。

制法： 将黑豆提前洗净并浸泡半天，花生仁则浸泡 2 小时。将猪尾刮净皮毛后洗净，切段备用。将猪尾焯水，准备冷水入锅，放入猪尾，加入适量料酒和姜片，待水煮沸后去掉浮沫捞出。最后，将所有材料放进电压力锅，加适量清水，启动煲汤键。煮熟后加入少量食盐调味即可食用。

> **功效：** 在中医的理论中，黑色与肾脏有密切的关系。黑豆因其颜色深沉，被认为可以补肾。它的功效包括滋补肝肾、健脾活血，是一种既可药用又可食用的优质食材。猪尾也是一种很好的滋补品，能够有效地补充人体的元气。再加上花生仁，它的补益中气和宁心安神的效果更是不可小觑。

特别提醒，以上食材用量默认为 3 岁孩子的参考标准，家长需根据孩子的具体年龄和身体状况进行调整。此外，改善孩子尿床问题还需注意调整生活习惯，如保持饮食起居和生活作息规律，稳定情绪管理，以及睡前少喝水。

小儿肥胖，中式食疗更乐意被接受

肥胖症是由于长期能量摄入超过人体的消耗，造成体内脂肪积聚过多，而使体重超过标准体重 20% 的一种营养障碍性疾病。随着人们生活水平的提高，儿童肥胖症的人数呈增多的趋势。

肥胖儿多喜甜食和油脂类食物，且食欲极好、食量大。肥胖容易使小儿越来越不好动，越不活动则越加重肥胖，形成恶性循环。肥胖不仅影响小儿的健康，而且将是成年后高血压、糖尿病、冠心病、痛风等慢性病的诱因。

我一直强调中医食疗"药食同源"的特点，一些食物可以作为药物使用。例如，山药、薏米和白术等性平和的食物，长期食用可以改善肥胖儿童的脾胃功能。

此外，中医药膳遵循"胃以喜为补"的治疗原则，味道适口，可以根据儿童的口味选择食材，提高儿童的接受度，减少抵抗心理。在减重的同时，不影响儿童营养物质的摄入，保证儿童正常生长发育。

中医食疗是在中医理论的指导下，根据辨证施食的原则，利用食物的四气五味自然属性来纠正人体的阴阳虚实，恢复机体的健康状态。

1. 痰湿内盛型肥胖

表现形态为体态丰满，饮食偏好高热量、高糖分的食品，常食用肥甘、油腻的食物。患者常常感到头昏沉重，仿佛被包裹着一样，同时伴有脘腹胀满不适的感觉。口中黏腻多痰，口干而不欲饮水，舌苔呈现白滑或白腻等特征。

这类儿童由于过度摄入高热量、高糖分的食品，导致脾胃功能受损，进而使得水谷精微停聚形成痰湿。

在食疗调护方面，应以燥湿化痰为主要原则。

可以选择薏苡仁、赤小豆、冬瓜皮、苍术等具有食疗作用的药物作为药膳的主要成分。

元代朱震亨《丹溪心法·卷二》中有云："善治痰者，不治痰而治气，气顺则一身津液亦随气而顺矣。"痰湿容易导致脾气壅滞，使得中焦清阳不升、浊阴不降。因此，在选择食疗药物时，还应配合陈皮、厚朴、枳壳、木香等行气药物，以疏通中焦气机。

2. 脾虚失运型肥胖

表现为肥胖臃肿，身体困重，脘腹胀满，肌肉软弱无力，神疲乏力，精神不集中，食欲不佳，遇劳加重，舌淡胖，有齿痕等。

此类儿童形气未充，脾常不足，脾胃功能较差，不能正常运化水谷精微，饮食调护当以健脾助运为主。

可选用黄芪、山药、白术等食疗药物健脾益气；补益药物易导致气机阻滞，因此应配合陈皮、木香等理气药物；脾虚失运会导致饮食水饮停聚于中焦，可佐以消食行气化湿的食疗药物，如炒麦芽、焦山楂、茯苓等。

常用药膳方剂有己芪粥、茯苓饼、荷叶茯苓粥、鲤鱼汤等。

3. 胃热滞脾型肥胖

胃热滞脾证的临床表现包括多食、消谷善饥、形体肥胖、面色红润、口干口苦、大便秘结、胃脘灼热嘈杂等症状。在进食后，这些症状会有所缓解。舌象表现为舌质红，苔黄腻。

这类儿童的体质特点是热盛，胃功能亢进，而脾功能相对较弱。由于饮食不节制，导致食物滞留在胃脘，湿浊内停。

针对这种情况，饮食调护应以清胃泻火为主，并辅以消导。

可以选择蒲公英、竹叶等具有清胃热作用的食疗药物。如果胃热伤及津液，可以辅助使用石斛、沙参等滋阴药物。由于胃的功能是通降，单纯使用苦寒药物可能会影响胃的通降功能，因此需要配合使用厚朴、枳实、陈皮、木香等具有理气和胃作用的药物。对于食积在胃脘的情况，还应配合使用山楂、神曲、莱菔子、炒麦芽等消食化积的药物。

这类儿童的日常饮食应以清淡为主，不宜过多食用辛辣的食物。宜选择低盐、低脂的食物，并增加富含维生素和纤维素的新鲜蔬菜和水果的摄入。

小儿上火流鼻血，用好清热泻火食疗方

在中医中，鼻出血被称为鼻衄，它指的是鼻腔、鼻窦和鼻咽部的出血。流鼻血的原因有很多，除了外伤因素外，其中一种常见原因是积热引起的。积热是指由于积食导致的久积化热。

清代陈复正《幼幼集成·鼻病证治》中提到："鼻衄者，五脏积热所致，盖血随气行，得热而安动，溢出于鼻。"这里指出了热迫血行的现象，意思是因吃多了，积食而生内热；体内肺热一多，火就上炎到鼻腔，身体会通过流鼻血来排出体内的热气。

由于积热引起的流鼻血，通常还会伴随以下情况：舌苔黄厚腻、大便干结、起床有口气、睡觉翻来覆去等。对于由积食内热引起的流鼻血问题，我们需要先解决积食问题，养护好脾胃。

那么，我们如何通过食疗来调理因积热引起的流鼻血呢？下面推

荐几个关于孩子积热流鼻血所对应的食疗方。

1.竹蔗马蹄茅根饮

　　白茅根是一种味甘性寒的草药，它能够生津止渴、退热止血。由于其色白入肺，具有天然的去肺热功效，因此可以治疗各种血热出血的症状，是常用的止鼻血食材。马蹄则具有清热泻火、消积消食和健脾的功效。与竹蔗搭配使用，可以滋脾阴、润燥、泻胃火和清内热。这种食疗方味道清润可口，具有生津止渴、清热泻火和凉血止血的功效。

　　材料：竹蔗200克，马蹄100克，鲜茅根80克（干品用30克），冰糖适量，清水适量。

　　制法：将竹蔗洗净后切条，马蹄去蒂留皮，鲜茅根洗净备用。将所有材料放入锅中，大火煮沸，转小火熬煮20分钟后加入适量冰糖即可出锅。

　　食用方法：去渣取汁，代水饮。

　　作用：用于调理血热出血的情况，适用于因实热（积食内热）引起的流鼻血。

2.藕粉羹

　　莲藕有活血止血和双向调理作用，食用熟藕可以养护脾胃。

　　根据明代医家缪希雍《本草经疏》的记载，生藕具有甘寒的性质，能够凉血止血、除热清胃，主要用于消散瘀血、吐血、口鼻出血等症状。因此，在这个食疗方中，我们选择使用藕粉生用，它具有清热生津、散瘀血、凉血止血的功效。当孩子内热很重时，可以直接用温水冲藕粉生用，以达到最佳的清热效果。

　　材料：藕粉15克，白糖适量，清水适量。

制法：取藕粉、白糖放入碗中，加温开水直接搅拌后即可饮用。

作用：适用于内热明显、因积热而引起的牙龈出血、鼻出血的孩子。

3.三白饮

三白饮，算是一个老方子了。三白，分别指的是：藕节、梨、白萝卜。在中医的理论中，藕节与藕的性味和功效大致相同，但藕节更注重止血的效果。藕节内部充满了空腔，能够促进水分的流动，具有止血和散瘀的作用。梨则被用来止痰、化咳，以及生津润燥、清心降火。此外，白萝卜也被加入其中，它具有润燥清热、益脾和胃、消食下气的功效，可以帮助消化，减轻积食内热。

材料：新鲜藕节8个（如无新鲜藕节，可在中药方购买干品），梨1个，白萝卜三分之一个，冰糖适量、清水适量。

制法：将莲藕节去根、洗净，梨去皮切小块，白萝卜去皮后切片。将以上材料放入锅中，加入适量水，大火煮开，转中小火煮20分钟，加适量冰糖调味后即可出锅。

食用方法：主要喝汤，也可吃少量梨、白萝卜。

作用：适用于肺热、积食引起的鼻出血孩子饮用，还可以在日常给一家老小作为预防感冒、治疗咳嗽服用！

小儿疳积，测微量元素没有用

在古代，存在一种小儿疾病，其严重程度可与麻疹、天花和惊风相提并论，是被公认对儿童健康造成最严重损害的儿科四大证之一。这种疾病被称为疳证。疳积可发生在各个年龄段，但以小儿为多见，因此被称为小儿疳积。虽然听起来有些令人担忧，但实际上家长确实应该引起足够的重视。

疳证，简称为"疳"，是由喂养不当或多种疾病的影响导致脾胃受损而形成的慢性疾病，相当于西医所说的营养不良。疳证的发病没有明显的季节性，各个年龄阶段都可能出现，尤其是在 5 岁以下的幼儿中更为常见。

"积为疳之母""无积不成疳"，这一观点与蚁穴溃堤的道理相似。疳积的"进化史"通常始于家长对宝宝脾胃缺乏合理呵护。

当家长看到宝宝吃得多、吃得欢时，他们会感到高兴，并认为这是一件好事。然而，他们可能没有意识到，小儿的体质特点就是脾常不足，天生脾虚，胃的收纳和脾的运化功能较弱。

一旦饮食喂养方法不合理，就很容易导致积食的发生。反复积食时间久了，孩子的脾胃功能会进一步减弱，脾虚会更加严重，最终达到一定程度时，就会形成疳积。

疳证根据其严重程度可分为三个阶段：疳气、疳积和干疳。

在疳气阶段，宝宝会出现消瘦、面色萎黄、食欲不振、大便干稀不调、精神不振等症状，还容易发脾气。这个阶段是疳证的早期表现，需要引起家长的重视。

进入疳积阶段，宝宝的形体更加消瘦，面色发枯，精神状态也变

133

得萎靡或烦躁。饮食异常和大便不正常也是这个阶段的常见症状。严重者还可能出现头大颈细、肚大青筋显露的情况，同时伴有脾气不好、睡眠不好、出汗多、抵抗力弱、免疫力差等问题。

最严重的是干疳阶段，孩子极度消瘦，皮肤包骨，看起来像小老头。皮肤干枯有皱纹，精神萎靡，啼哭无力无泪，有的甚至可见肢体浮肿。一旦发现宝宝处于干疳阶段，必须立即就医治疗，不能耽搁。

疳证患儿的特征在于胃强脾弱。他们的胃部仿佛存在着一个无法察觉的无底洞，无论摄入多少食物都无法满足，甚至越补越瘦小。

为了改善宝宝体质虚弱的情况，一些家长不断尝试各种进补方法。比如，他们使用海马田七"增高汤"、人参蚕蛹蜂王浆等食材，希望通过这些大补来增强宝宝的营养摄入。然而，这种做法却让原本就受累的脾胃更加不堪重负。

宋代医家钱乙认为，儿童"五脏六腑成而未全，全而未壮"，即儿童的身体尚未完全成熟，脾胃和肠道的吸收功能也不够健全。如果一味地大补，孩子无法充分吸收营养，反而会产生适得其反的效果。

因此，对于疳证宝宝来说，家长需要科学控制饮食。具体做法包括调整喂养方法和健脾。通过合理的饮食安排和调理，可以帮助宝宝恢复健康并提高身体抵抗力。

疳积宝宝在饮食方面存在一些问题，包括偏食、过度食用肥甘滋补食物、沉迷于零食以及养成饥一顿、饱一顿的不良习惯。这些问题需要家长及时纠正。

正确的喂养方式应遵循以下三点：

1. 按需喂养到定时定量喂养：在宝宝 1 岁半之前，应根据宝宝的需求进行喂养，即宝宝感到饥饿时即可进食。而在 1 岁半之后，可以逐渐过渡到定时定量喂养。不必过于纠结奶量和饭量的多少，应根据宝宝的实际情况来调整。

2. 食物选择和调理： 食物应以稀、软、少渣、少油腻为主，并采取少量多餐的方式。既要易于消化，又要营养丰富。添加辅食的顺序是先稀后干、先素后荤、先少后多。

3. 控制食量和节制： 当宝宝不想吃时，家长不应强行喂食；而当宝宝胃口大时，家长应适当控制。例如，如果发现宝宝不懂得节制，经常吃得过饱，那么下次可以适当减少食物的量。

只有调整好宝宝的饮食之后，才可以开始健脾。下面介绍一些脾虚宝宝宜食和忌食的食物。

1. 脾虚宝宝宜食食物

补脾益气、醒脾开胃易消食的食品，如粳米、籼米、熟藕、栗子、山药、扁豆、牛肉、鸡肉、鳜鱼、胡萝卜、土豆、香菇等。

2. 脾虚宝宝忌食食物

少食寒凉、易损伤脾气的食品，如苦瓜、苋菜、柿子、枇杷、西瓜等。

少食味厚滋腻、易阻碍脾气运化功能的食品，如鸭肉、猪肉、甲鱼、牡蛎肉等。

以下再推荐四种有效的食疗方，帮助宝宝调和脾胃。

1.小儿健脾八珍汤

材料： 太子参5克，白术8克，白茯苓10克，当归5克，川芎3克，白芍药5克，熟地黄8克，甘草3克。

制法： 将食材放入锅内，加入500毫升水，大水煮开后转文火，煎取150～200毫升，分次服用。一周1～2次。

> **功效**：全方八药，实为四君子汤和四物汤的复方。调和脾胃，益气补血。

2.山楂山药汤

材料：山楂 5 克，山药 15 克，冰糖 10 克。

制法：将山楂、山药煎汤，冰糖调味，代茶饮，每日 1 剂，连服 1 周。

> **功效**：消食、补脾胃。

3.山楂水

材料：山楂 75 克，白糖适量。

制法：山楂洗净，去蒂去核，切成小块。砂锅中注水，放入山楂，加盖烧开后用小火煮 15 分钟至熟。揭盖，加入少许白糖，搅拌均匀，煮至溶化即可分次食用。

> **功效**：健脾胃、促消化。

4.猪骨胡萝卜泥

材料：猪骨 120 克，胡萝卜 1 根。

制法：将胡萝卜和猪骨洗净、切块，猪骨焯水。起锅，放入胡萝卜、猪骨，煲至胡萝卜熟软。把胡萝卜压成泥即可分次食用。

> **功效**：补中下气、利胸膈、润肠胃、安五脏。

以上食疗方需在宝宝无病痛、消化好时服用。通过合理的饮食调理，可以帮助宝宝健脾养胃，促进身体健康成长。

小儿多汗，别拿代谢旺盛做借口

小儿多汗应区分为生理性多汗和病理性多汗。由于小儿生长发育迅速，体内代谢旺盛，体表血管丰富，因此容易出汗。在这种情况下，多汗常常可以找到明显的原因，如天气炎热、衣着过多过厚、剧烈运动后、情绪紧张时、进食辛辣刺激性的食物或喂奶过急等。然而，如果小儿的生长发育正常，饮食睡眠正常，身体健康，这种出汗属于正常生理现象，一般无需特别处理。

病理性多汗是指在安静状态下、正常环境中，全身或局部出汗过多，甚至大汗淋漓。病理性多汗又可分为自汗和盗汗两种类型。自汗是指不论白天还是黑夜，稍活动就出汗的情况。而盗汗则是指在睡眠中出汗、醒后汗止的情况。中医认为小儿多汗有虚实之分，对于虚汗应给予补益止汗的治疗，而对于实汗则应清热化湿。

在观察孩子的汗液时，首要任务是辨别虚汗、实汗还是气虚、阴虚。

1. 虚汗

虚汗的特征是头颈、背部出汗明显，常伴有大汗淋漓的情况，汗出后皮肤感觉凉爽，汗渍无色。此外，孩子还可能出现疲倦、面色不佳以及容易感冒的症状。舌质呈现淡色，苔薄白或苔少。这种情况多见于平时体质虚弱、多病的孩子身上。虚汗的成因主要是气虚、阴虚或气阴两虚所致。

以下推荐适合治疗虚汗的参苓粥

材料： 太子参 10 克，莲子 10 克，粳米 50 克，盐少许。

制法： 将太子参放入砂锅中用水煎熬 30 分钟，取汤汁去渣后

加入莲子和粳米煮粥。待粥熟时，加入少许盐搅匀即可。此粥口感
微咸。

用法：适用于一年四季间断服食，每日 1～2 次。

> **作用：**适用于活动或入睡后出汗、精神疲倦以及大便不调的
> 儿童。

2. 实汗

实汗的特征为自汗或盗汗，主要出现在额部、胸部及四肢。汗出
时皮肤发热，汗液呈黄色且有异味，口臭，小便呈黄色。舌质呈现红
色，舌苔黄厚。这种情况多见于体形偏壮的儿童，他们偏好食用肉
食、煎炸和甜腻食物。

以下推荐适合治疗实汗的清热祛湿茶

材料：薏苡仁 15 克，干木棉花 10 克，淡竹叶 5 克，川萆薢
10 克。

制法：将薏苡仁和干木棉花用清水泡发，然后将薏苡仁、木棉
花、淡竹叶和川萆薢一同放入砂锅中，加入 1000 毫升清水，用大火
煮沸至 500 毫升。此茶口感甘淡微苦。

用法：每日一剂，代茶饮用，多次服用，连续服用 3 天。

> **作用：**适用于出现汗出肤热、汗臭渍黄、口臭、小便黄等症
> 状的儿童。舌质红，舌苔黄厚。

3. 气虚

气虚的特征为白天出汗（即自汗），缺乏活动意愿，面色呈现苍
黄，食欲不佳，容易腹泻，舌苔薄白。

以下推荐适合治疗气虚的黄芪粥

材料： 黄芪 15 克，瘦肉 50 克，糯米 30 克，精盐适量。

制法： 将瘦肉切片，糯米用水泡 20 分钟，先将黄芪用水煎取汤汁，去渣后入瘦肉、糯米煮粥，待粥熟时加精盐调味。口感咸香可口。

用法： 喝粥食肉，一周 2 ~ 3 次。

作用： 适用于汗出遍身而不温，怕冷，精神疲倦、胃纳不佳的情况。

4. 阴虚

阴虚的特征表现为睡眠中汗出多见（即盗汗），身体消瘦，比较容易哭闹烦躁，大便偏干，舌苔比较少。

以下推荐适合治疗阴虚的生地鸡蛋汤

材料： 生地黄 15 克，鸡蛋 1 个，冰糖 5 克。

制法： 将生地黄、鸡蛋入水中同煮，蛋熟后去壳再煮 10 分钟，加入冰糖。

用法： 饮汤食蛋，一天 1 次，服 3 天。

作用： 适用于睡时出汗为主，形体消瘦，大便偏干的情况。

最后再推荐一个食疗方，通用汗证的浮小麦猪肚汤。

材料： 浮小麦 30 克，猪肚 150 克，精盐适量。

制法： 将猪肚洗净切块，放入浮小麦，加水适量，煮汤，待猪肚熟后，加精盐调味。味浓香微咸。

用法： 饮汤食猪肚，一天 1 次，服 3 天。

作用： 适用于各种类型的小儿多汗。

第六章

不用保健品，怎么走出亚健康状态

失眠，怎么扔掉安眠药

近年来，随着生活方式的改变，失眠的发病率逐年增长，越来越多的人受到失眠的困扰。失眠是一种常见的疾病，其主要特征是无法获得正常的睡眠。在中医学中，失眠被归类为不寐、目不瞑等范畴。

失眠的主要表现是睡眠时间和深度的不足。轻度失眠者可能难以入睡，或者虽然入睡了但无法进入深度睡眠状态，导致频繁醒来或醒后无法再次入睡。重度失眠者则可能整夜都无法入睡。

中医认为失眠的基本病机是阳盛阴衰，阴阳失交。这意味着人体内部的阳气过盛，而阴气不足，导致阴阳失去平衡。

长期的失眠会对人们的学习、工作以及社会活动能力产生负面影响，进而对身体健康造成损害，甚至可能导致其他疾病的发生。因此，对于失眠问题，我们应该引起足够的重视并采取相应的措施来改善睡眠质量。

以下是六款针对失眠的食疗药膳，助您早日走出亚健康状态。

1.枣仁百合汤

材料：鲜百合 250 克，生酸枣仁、熟酸枣仁各 15 克。

做法：将百合用清水浸泡 1 夜。生、熟酸枣仁放入砂锅内，加水煎 30 分钟，去渣。

放入百合同煮至百合熟烂即成。

功效：镇静安神，清心养血。

适合：神经衰弱、围绝经期综合征引起的失眠。

2.茯苓桂圆肉粥

材料：粳米、龙眼肉各 100 克，茯苓 30 克，白糖少许。

做法：将茯苓、龙眼肉分别洗净。粳米淘净，与茯苓、龙眼肉共置锅中，加水适量，用小火煮至粥熟。入白糖调味即成。

功效：养心安神。

适合：心血虚亏引起的失眠、多梦、健忘、心悸、面色苍白、眩晕等症患者。

3.小米枣仁粥

材料：小米 100 克，酸枣仁末 15 克，蜂蜜 40 毫升。

做法：将小米淘净，入锅，加水煮至粥将熟。撒入酸枣仁末，煮沸即关火。待粥稍温后调入蜂蜜，即可食用。

功效：补脾润燥，宁心安神。

适合：夜寐不宁、食欲不佳、大便干燥者。

4.双仁粥：

材料： 粳米 100 克，酸枣仁、柏子仁各 10 克，大枣 5 个，红糖适量。

做法： 将酸枣仁、柏子仁、大枣水煎取汁。粳米淘净，与煎汁共置砂锅中，加水煮至粥熟。加入红糖调味，稍煮即成。

> **功效：** 补血养心，健脾益气，养心宁神。

适合：心气不足，心悸不宁，醒后难入睡者。

5.灯芯竹叶茶：

材料： 灯芯草 5 克，鲜淡竹叶 30 克。

做法： 将材料洗净，放入保温杯内。加入沸水，加盖闷 15 分钟，茶饮用。

> **功效：** 清心，降火，除烦，利尿。

适合：心阴不足、心火亢盛引起的虚烦不眠症、口舌生疮等患者。

6.脑清茶

材料： 炒决明子 250 克，甘菊、夏枯草、何首乌、五味子各 30 克，麦冬、枸杞子、龙眼肉各 60 克，桑葚 120 克。

做法： 将所有材料捣碎成粗末，混匀装瓶备用。每次 15 克，以沸水泡饮。每日 2 次。

> **功效：** 清肝明目，荣脑益智。

适合：神经衰弱、肝血不足、肝火偏亢引起的失眠、目赤肿痛。

7.半夏秫米汤

材料：秫米（高粱米）30 ~ 100克，清半夏30克（大剂量可用到90克）。

做法：先煎半夏30分钟，去渣取汁，入高粱米煮成粥。

用法：晚上睡前1小时空腹食用。

> **功效：**交通阴阳，和胃安眠。

适合：适用于食滞不化、胃中不适，痰浊上蒙脑窍而引起失眠，对某些顽固性失眠疗效颇佳。

当代国医大师李济仁曾在他的书中说："此方治失眠古往今来验案无数，但是服此方用量及服用时间是关键。"

服用此方治失眠，半夏用量要大，一剂少则60克，多则90克，量少疗效减半。清代医家吴鞠通关于半夏用量，有"一两降逆，二两安眠"的经验之谈。

使用此方，建议在晚饭时服用一次，临睡前一小时再服用一次。白天服用可能会导致昏睡和缺乏精神的情况出现。

有些患者可能会担心大剂量使用半夏是否会产生毒性。在这里需要说明的是，治疗失眠时应使用制半夏或清半夏，而不是生半夏。清半夏是由白矾与水共同制成的，其中的半夏之毒可以通过浸泡在白矾中来解除。在煎煮之前，应多次用清水冲洗以去除矾味。

医圣张仲景的《伤寒论》和《黄帝内经》记载了使用半夏的方法，都是以升计量，并且非常普遍，没有中毒的记录。因此，大剂量应用于治疗失眠是经验之谈，可以放心使用。

手脚冰凉暖不起来，教你这样补

一般而言，当人体遭遇寒冷环境时，为了自我保护，血液会自然地流向心肺等重要器官，导致四肢的血量减少，进而引发手脚发冷的现象。大多数人的手脚冰凉都属于这种情况，尤其是女性对温度变化更为敏感。

根据《柳叶刀》的一项研究结果显示，女性的体表温度比男性低1.5℃，但女性的体内温度却比男性高0.3℃。此外，女性血压较低，因此女性的手脚普遍较男性更冷。吸烟、肥胖、体弱等因素导致的末梢循环不良，以及长时间久坐不利于血液循环的情况，也可能导致手脚冰凉的症状出现。

在中医理论中，手脚冰凉被称为"厥证"。根据中医的解释，"厥者，阴阳气不相顺接者是也"，即由于阴阳气血不畅通而引起的症状。这种情况可能是由于阳气无法到达四肢末端，或者四肢末端的血液供应不足所导致的。

因此，中医也将手脚冰凉称为"四逆"，意指四肢末端出现逆冷的情况。

以下介绍三种以"四逆"命名的方剂，分别是四逆汤、四逆散和当归四逆汤。尽管这三个方剂都可以用于治疗手脚冰凉的症状，但它们的治疗机制却完全不同。

1.阳虚用四逆汤

根据《黄帝内经》记载，"阳气者，若天与日，失其所，则折寿而不彰"。阳气不足也被称为阳虚，而体内的阳气就像太阳一样，具有温煦身体的作用。当出现阳气不足的情况时，通常会表现出手脚冰凉、怕寒怕冷等症状。

针对阳气不足，我们可以进一步将其分为心阳虚、肾阳虚、脾阳虚等类别。其中，手脚冰凉通常是肾阳虚引起的主要表现，因为肾阳是生命的先天之阳，一旦肾阳不足，就会导致手脚等部位发凉。

对于肾阳虚的朋友来说，除了常见的手脚发凉外，还可能出现容易感冒、怕冷怕风、大便稀溏、精神不振、抑郁、腰膝酸软、夜尿多等症状。

四逆汤：

附子一枚、干姜 6 克、炙甘草 6 克。

在中医方剂中，附子被广泛使用以温补肾阳，而干姜则用于温补脾阳。为了发挥它们的热性功效，需要将附子和干姜配对使用，因为"附子无姜不热"。

为了避免药性过于燥热对身体的刺激，甘草被用来调和药性。这样可以确保温热体内的同时，不会过度刺激身体，避免不必要的不良反应。

人体的阳气分为先天之阳和后天之阳，其中肾阳为先天之阳，脾阳为后天之阳。四逆汤作为回阳救逆的经典方剂，通过温补脾肾之阳，能够快速回阳。它对于缓解手脚冰凉等症状有着很好的效果。

2. 阳气淤堵用四逆散

阳气对人体的温煦作用是通过经络系统传递到全身的，而经络系统具有固定的路径和循行方式。一旦有经络受到阻塞，就会导致阳气无法畅通升发，从而引发手脚冰凉等问题。

这种阻塞的情况通常是由于气滞、血瘀、痰凝、湿热等病理产物影响了经络的通畅性。因此，为了缓解手脚冰凉等症状，需要疏通经络。

四逆散：

由柴胡、芍药、枳实和甘草组成，各6克。

方中的柴胡能够疏肝升发肝阳，白芍则具有柔肝滋补肝血的功效。另外，枳实则能够行气疏通气机，而甘草则用来调和配伍各种药物的作用。通过这些药物的组合，四逆散能够有效疏通体内的阳气，改善四肢冰冷等情况。

需要注意的是，四逆散主要适用于手脚冰凉的问题，而非全身怕冷的问题。一些人可能会采用温阳的方法来治疗手脚冰凉，但一般情况下并不会取得良好的效果。相反，可能会出现情绪抑郁、烦躁、胁肋胀痛等症状。

因此，在治疗手脚冰凉的问题时，应该根据具体情况采用不同的方法。如果是四肢冰冷，可以考虑使用四逆汤等方剂来疏通阳气；如果只是手脚冰凉，那么可以尝试四逆散来改善症状。

3. 血虚寒厥用当归四逆汤。

中医认为，女性身体属阴，先天阳气不足。此外，女性以血为本，月经不调、胎产失血等因素容易导致血虚。当血液不能及时流向四肢时，就会出现手脚冰凉的症状。这种症状是由于阳气不足引起的血虚，使得寒邪乘虚而入，造成恶性循环，进一步加重了手脚冰凉的情况。

因此，治疗这种问题需要针对性地调节人体内部的阴阳平衡，尤其是通过补充阳气和滋养血液来改善症状。

当归四逆汤：

当归12克，桂枝9克，芍药9克，细辛9克，通草3克，甘草5克，大枣9枚。

当归作为主药具有强大的补血养血功效，能有效改善血虚问题。

桂枝可以温阳，细辛可以散寒，通草可以打通经络。这些药物不仅可以畅通人体经络，还能补充气血。对于那些血虚并伴随着阳气不足的人来说，当归四逆汤的疗效非常显著。

阳虚和阳郁是两种不同的体质状态，主要发生在不同年龄段的人身上。

阳虚多见于中老年人，其主要表现为肾阳不足，导致全身处于畏寒状态。对于这种情况，可以参考四逆汤进行治疗。四逆汤是一种中药方剂，具有温补肾阳、散寒止痛的作用，能够有效缓解阳虚引起的症状。

而阳郁则多发生在年轻人身上，特别是女性。阳郁常常伴随着情志失调等症状，如情绪低落、易怒等。对于这种情况，可以参考四逆散进行治疗。四逆散是一种中药方剂，具有疏肝解郁、调和气血的作用，能够有效改善阳郁引起的症状。

血虚寒厥则是年轻女性最为普遍的问题之一。通常是由于生理特征所引起的，如月经期间失血过多等。对于这种情况，可以参考当归四逆汤进行治疗。

总熬夜，这款茶饮能把元气补回来

很多人常常不顾身体健康，频繁熬夜工作。然而，你们是否知道？你熬的不是夜，而是精、神和命。因此，经常熬夜的人往往会导致精神亏损、失去活力，甚至缩短寿命。

根据中国睡眠医学协会的调查数据显示，高达 90% 的人猝死与熬夜导致的睡眠不足有关。这些猝死的原因包括脑出血和心肌梗死等严重疾病。

因此，我们必须高度重视熬夜对身体的危害。我们应该明白，留得青山在，不怕没柴烧，钱可以慢慢挣，然而，人生最可悲的事情莫过于人没了，而钱却还没花完。

为了保护自己的健康，我们应该避免熬夜并确保充足的睡眠。

熬夜为何对身体造成如此大的伤害呢？以下是三个主要方面的原因。

首先，熬夜会伤及人体的阳气。每天的子时（23 点）是人体"一阳生"的时间，此时入睡可以让阳气更好地生发。阳气可以促进精气和血液的生成，进而滋养阴气。而心主血藏神，只有当血液充足时，才能保持精神饱满、精力充沛的状态。因此，早睡早起的人，第二天通常能保持精神焕发、神采奕奕的状态。相反，如果熬夜导致阳气不足，就会出现精神不振、昏昏欲睡、体虚乏力、思维不集中等问题。

其次，熬夜还会伤害人体的胆功能。子时也是人体胆经运行的时候，这个时间段胆经处于旺盛状态，主要负责胆汁的新陈代谢和排毒工作。有句俗话说得好："胆有多清，脑有多清"，因为干净的胆汁可以使人的头脑在第二天特别清醒。然而，如果在这个时间段不睡觉，胆经就无法正常工作，第二天就可能出现脸色暗黄、胸胁疼痛、偏头痛、太阳穴痛等症状。这些症状都是由于胆汁不清、胆火上炎所致。

最后，熬夜还会耗损人体的血液和阴液。《黄帝内经》指出："春夏养阳，秋冬养阴。"对应每一天来说，夜晚就是养阴的最佳时间。然而，熬夜不睡觉会导致胆火上炎，最易伤害到阴精和阴血。因此，很多人熬夜后会出现失眠、心烦、五心烦热、腰膝酸软、眼睛干涩、心跳加快等阴虚症状。

熬夜对健康不利，然而有时我们不得不这样做。这里给大家推荐一种食疗茶饮方，希望可以补救这种情况。

这个茶饮方非常简单：只需将人参10克、五味子5克、枸杞子一小把和大枣7枚（掰开）放入养生壶中煮开，然后当茶饮用即可。

人参是一种具有补气养血、安神宁心功效的草药。它能够治疗劳伤虚损以及各种气血津液不足的症状。《药性论》中提到，人参主要作用于五脏气不足、五劳七伤、虚损瘦弱等方面，能够止霍乱烦闷呕哕，补五脏六腑，保中守神。

五味子则具有收敛固涩、益气生津、补肾宁心的作用。它常用于治疗内热消渴、心悸失眠、胆火浮越等症状。《本经》（即《神农本草经》）中提到，五味子主要用于益气、止咳逆上气、劳伤羸度、补不足、强阴、益男子精等方面。

枸杞子则具有滋补肝肾、益精明目的作用。它适用于虚劳精亏、腰膝酸痛、眩晕耳鸣、内热消渴、血虚萎黄、目昏不明等症状。《食疗本草》中提到，枸杞子能够坚筋耐老、除风、补益筋骨，有益于人体健康，能够去虚劳。

大枣则具有补益中气、养血安神的作用。它适用于脾胃虚弱、气虚不足、倦怠乏力等症状。《别录》中提到，大枣能够补中益气、坚志强力，能够消除烦闷。

当然，最好的方法还是不要熬夜。然而，知易行难，世事莫不如此。与诸君共勉，相信你们会做得比我好。

头昏昏沉沉，不能一直用咖啡硬抗

在日常生活中，你是否曾经感到头昏昏沉沉，仿佛头上戴着一顶沉重的帽子？或者你是否曾听到身边的朋友和家人抱怨说他们也有类似的症状，感觉头重脚轻，双腿沉重，心情烦躁，吃冷食容易腹泻，早上起床嗓子不舒服，口干舌燥，舌头上还有一层厚厚的舌苔。根据中医体质学说，这些症状都属于痰湿体质的表现。这种体质的人身体就像梅雨季节的房间一样，水分过多，容易滋生霉菌。

痰湿比较重，阻滞了整个头部，阻碍了清阳之气，导致的头痛，经常都会出现头脑晕晕沉沉的，头比较重。中医里面有一个词语，叫作"头重如裹"，就是描述这种头痛。

清代吴澄在《不居集》中提到："盖肺主气，肺金受伤则气滞而为痰；脾主湿，脾土不运则湿动而为痰；肾主水，肾水不足则水泛而为痰。"故调治肺脾肾为"统痰之要"。痰湿属阴，易伤气伤阳；痰湿腻滞，又可郁而化火。因此，痰湿质之人，因其化火兼火与否，又常分为痰湿、痰火质的不同。

痰湿质的调护原则是健脾利湿、化痰泻浊。饮食上应注意掌握低脂低糖、清淡少盐，即性质平和、热量较低、营养丰富、容易消化的平衡膳食。而忌各种易于留湿的食物，如面食类、甜食、酒、冷饮、竹笋、蚕豆等。

除了用中药的治疗，很多情况下大家可以用食疗方。下面给大家介绍几款祛湿气缓解头昏的食疗方。

1.海带萝卜汤

食材：海带 150 克，白萝卜 300 克，鸡肉丝适量，大头菜半个，盐、胡椒、酱油、醋各少许。

做法：将白萝卜去皮，切成片。将大头菜去皮，切成块状。将海带切成细片。将白萝卜、大头菜、海带放入锅内，加盐同煮汤，在汤中加少许醋，再加鸡肉丝、胡椒、酱油即成。喝饮其汤。

功效：祛痰消肿。

2.薏苡仁粥

食材：取薏米 30 克，白糖适量作材料。

做法：将薏苡仁洗净，置于砂锅内，加水适量，再将砂锅置武火上烧沸，后用文火煨熬。待薏苡仁熟烂后加入白糖即成，随意饮食。

功效：能健脾除湿，减肥消肿。

3.山药冬瓜汤

食材：冬瓜 200 克，山药 150 克，盐适量。

做法：冬瓜削皮去籽，切成小块；山药削皮，切成小块；将冬瓜和山药放入锅中，加清水煮开，小火炖煮 30 分钟后，加盐调味即可。

功效：健脾利湿。

其实，减肥也能减轻痰湿状态，还有就是多洗热水澡，让毛孔张开，也有利于体内湿气发散。还要注意，饮水和痰湿并无直接的关系，不喜欢饮水是病态的反应。

痰湿体质的人要注意多喝水，也可以饮用清淡的汤品。痰湿体质的人还要注意坚持吃早饭。痰湿体质多有肝胆问题，如脂肪肝，早晨肝胆旺，如果不吃早饭，容易加重肝胆问题。在早晨，可以喝白粥，吃凉拌的蔬菜，喝一杯清茶，选择清淡口味的早餐。

慢疲劳，当心免疫力"墙"要塌了

许多人常常感到疲倦乏力、腰酸腿疼，注意力难以集中。即使进行轻微的运动，也会感到非常疲惫。尽管平时睡眠充足，却无法消除疲劳感。然而，当他们去医院做全身体检时，却没有发现任何重大异常。面对这样的情况，许多人不禁自问："我到底是怎么了？"

根据最新的流行病学研究，坐班族是慢性疲劳综合征的主要受害者。此外，生活方式不健康、精神压力过大、独居或感到孤独的人群以及中老年人群也是慢性疲劳综合征的高发人群。

中医认为，慢性疲劳综合征的发生与人体阴阳失衡和脏腑气血失调有关。在中医中，这种病症可以归类为郁证和虚劳。

郁证通常是由于七情（喜、怒、忧、思、悲、恐、惊）引起的，其病理机制主要是气机郁滞。而虚劳则包括五种类型：肺劳损气、脾劳损食、心劳损神、肝劳损血和肾劳损精。当情志不舒畅时，气机就会郁滞，长期下去会损伤脏腑，导致阴阳气血失调。这会导致一系列症状，如精神不振、虚烦不寐和神疲乏力等。

从狭义上讲，神劳病与慢性疲劳综合征最为相似。因此，调理慢性疲劳综合征可以从调理神劳病方面借鉴经验。

"慢疲劳"在中医中可分为心脾两虚型、气血亏虚型、肝郁脾虚型三类。针对每种证型，除了施以方药和针灸、敷贴疗法外，药膳也是调理的好方法。

1. 心脾两虚型

主要表现有疲乏无力，多梦易醒，心悸健忘，头晕目眩，肢倦神疲，饮食无味，面色少华，舌质淡、苔薄，脉细弱。

当补益心脾，养血安神，可选用的药膳食疗方，推荐归脾麦片粥。

归脾麦片粥

材料： 党参、黄芪各 15 克，当归、酸枣仁、甘草各 10 克，桂枝 5 克，麦片 60 克，桂圆肉 20 克，大枣 5 枚。

做法： 将党参、黄芪、当归、酸枣仁、甘草、桂枝置清水内浸泡 1 小时后捞出，加水 1000 毫升，煎煮后取汁去渣；将麦片、桂圆肉、大枣（劈开）加入药汁中，共煮成粥，每日服 2 次。

> **作用：** 益气补脾，养心血安心神。

2. 气血亏虚型

主要表现为疲乏无力，气短懒言，面色苍白或萎黄，唇色淡白，头晕眼花，心悸失眠等。

对于这种类型的慢疲劳，可以选择的药膳食疗方，推荐八珍炖鸽汤。

八珍炖鸽汤

材料： 鸽肉 250 克，党参、黄芪各 30 克，当归、白术、熟地黄各 15 克，川芎 10 克，生姜 3 片。

做法： 将鸽肉洗净切块备用；将党参、黄芪、当归、白术、熟地黄、川芎放入炖盅中加入适量清水；将炖盅放入蒸锅中用大火蒸煮 2 小时；最后加入生姜继续蒸煮 10 分钟即可食用。

作用：补气养血，增强体质。

3. 肝郁脾虚型

主要表现为疲乏无力、头晕心悸、胸胁胀满、纳呆腹胀、腹痛欲泻等。舌象表现为淡苔薄白，脉象弦。

针对这种体质类型，食疗原则应以疏肝解郁和健脾养血为主，药膳食疗方推荐柴胡当归绿鱼丸。

柴胡当归绿鱼丸

材料：菠菜、青鱼肉、柴胡、当归、黑芝麻粉以及适量的精盐、鸡精、猪油、湿淀粉和高汤。

做法：首先将菠菜洗净，与柴胡和当归一起焯水10秒钟，然后将其放入搅拌器中打成汁。接着将青鱼肉用粉碎机打成泥状，加入黑芝麻粉、精盐和少许猪油，顺一方向搅拌均匀至上劲。然后将黑芝麻鱼丸放入冷水锅中，用中小火煮熟。最后，烧开高汤，加入适量的精盐、鸡精和菠菜汁，勾芡后下入鱼丸即可。

作用：柴胡当归绿鱼丸具有养血柔肝、益肾补钙、健脾利水、疏肝解郁的功效。它可以抗疲劳，适宜亚健康人群四季调补。尤其适合夏末秋初进行调养，可以预防和治疗面黄无华、记忆力减退、贫血等症状。此外，对于缺铁性贫血、骨质疏松症、功能性浮肿、视物模糊和脚软无力的患者也适宜食用。

心情低落，元气越来越少

中医虽然不使用抑郁这一术语，但中医擅长观察，专业术语称为"望"。望、闻、问、切是中医诊断疾病的重要手段。经过一系列观察，

中医发现：抑郁的第一种表现是愁眉苦脸，心情不愉快。然而，并非所有心情不好的情况都可以被称为抑郁。

抑郁是指持续性的心情低落，情绪萎靡不振。对于这种情况，中医认为主要是肝脏出现了问题，导致心神不安，引起胸肋胀满、郁闷不舒等症状。因为肝主情志，所以需要疏肝。

对抑郁所用的膳食，必须具有疏肝理气、清肝泻火、化痰利气、养心安神、健脾解郁的功效。下面给大家推荐几款药膳食疗方。

1.首乌桑葚粥

材料： 首乌20克，合欢、女贞子、桑葚子各15克，小米150克。

做法： 将所有药物加水煎煮，去渣取药汁300毫升再与小米同煮5分钟后即可。

服用方法： 逐日2次。

> **功效**：有滋补肝肾之效，不仅可用于抑郁症食疗，对失眠、忘记、烦躁也有很好的改善作用。

2.疏肝解郁茶

材料：玫瑰花3克，代代花3克，炒麦芽5克，佛手3克，酸枣仁6克，青皮3克。

做法：开水冲泡，焖5分钟。

服用方法：每天当茶饮。

> **功效**：疏肝理气、养胃健脾、宁心安神、帮助睡眠。

3.莲子白果炒鸡蛋

材料：莲子、白果各20克，鸡蛋3个，盐3克，植物油35毫升。

做法：莲子、白果去心，烘干，研成细粉；将鸡蛋打入碗中。将莲子、白果粉同放鸡蛋碗中，加入盐搅匀。炒锅置武火上烧热，加入植物油，烧六成热时下入鸡蛋，两面煎成金黄色时即成。

服用方法：每日1次，佐餐食用。

> **功效**：养心安神。适用于抑郁症患者食用。

4.玫瑰菊花粥

材料：干玫瑰花 10 克，白菊花 10 克，糯米 50 克，粳米（即普通大米）100 克。

做法：以上材料洗净，同放入锅中，大火烧沸后，改小火煮至粥成。

服用方法：每日 1～2 次。

功效：清肝明目、理气解郁、美容养颜，适用于思虑过度、胸闷、烦躁、食欲下降、消瘦、易疲劳、属于肝郁脾虚者。

对于情绪不佳的人来说，运动是很好的疏解方式。推荐大家可以试试中医的"广播体操"——八段锦。八段锦这门运动富含中医哲理，场地要求不高，容易入门，非常适合居家练习。

第七章

好饮食让女性
吃出幸福感

按年龄养出风韵

　　女性一生各个阶段如何调理养生？在中医看来，这里头学问多多。中医的女性年龄分期，以七年为一个节点。从七岁、二七、三七、四七、五七、六七到七七，正是女性从儿童期，逐渐进入青春期、育龄期，到更年期、绝经期的过程。按照这样的阶段划分，每个阶段的女性都有不同的养生侧重点。

　　在现代医学中，儿童后期（8～10岁）是青春期发动的时期。到了青春期（10～19岁），以月经初潮为标志，第二性征出现，生长加速。这个阶段涵盖了从七岁至二七（14岁）的时期，是阳气生发、生长发育的重要阶段。

　　对于这个时期的女性保养，重点是扶助阳气。即使女孩子容易上

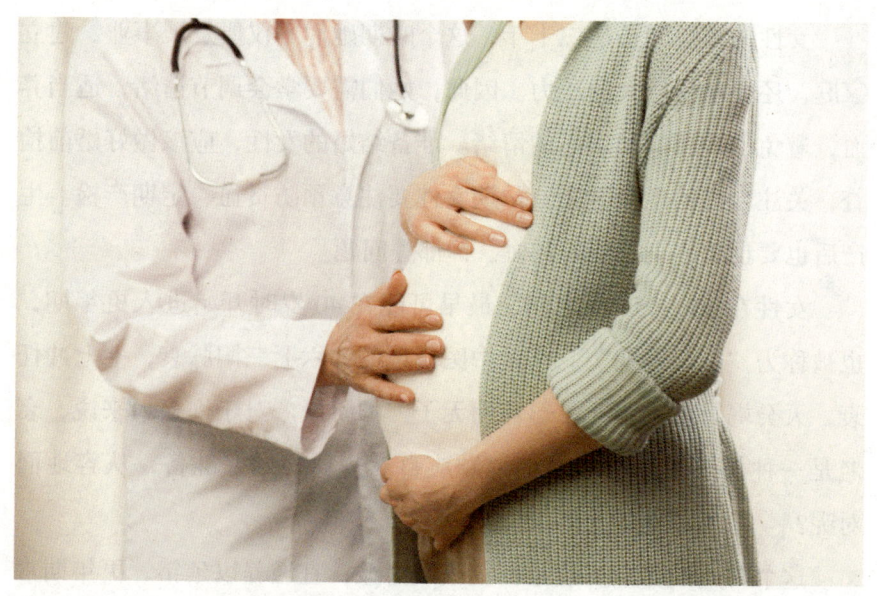

火长青春痘，也要养阴清热，慎用苦寒攻伐，勿冰伏阳气。也就是说，不能喝太多凉茶和使用过于苦寒的药物来"下火"，性质寒凉的食物、生冷冰冻的水果、冷饮、雪糕都不宜多吃。

同时，为了避免"阳亢有热"，也就是上火，要注意饮食均衡、作息规律、情志安和。避免熬夜和焦虑，饮食上除了忌生冷，还要避免辛燥和滋腻，并提倡多运动。

女性在生育能力上大约拥有 30 年的时间。其中，21 岁至 28 岁是她们身体最强壮、最适合孕育生命的阶段是三七（21 岁）至四七（28 岁）阶段。然而，一旦过了 35 岁，也就是五七阶段，女性的生育能力就开始逐渐下降。

在这个生育能力的巅峰时期，女性需要注意以下几点：首先，应该适时怀孕，避免流产和异位妊娠等问题；其次，要保持积极的心态，防止肝气郁滞；最后，要调和气血，避免"气有余而血不足"的情况。

　　女性的育龄期长达三十年，这个时期她们不仅要发展事业、建立家庭，还要承受巨大的压力。因此，她们需要学会调节情绪，适当养血，避免出现压抑和焦虑的情绪。准备结婚的女性，应该做好婚前检查，关注自己的生殖健康。孕期女性要注意预防贫血、定期产检。生产后也要预防感染、预防贫血、抑郁等问题。

　　女性在 45～54 岁之间，最早可能在 40 岁时开始进入更年期，也被称为"围绝经期"。这是中医所说的"六七三阳脉衰，七七冲任衰，天癸竭，地道不通，形坏而无子"的阶段。对于许多人来说，衰老是一种伤感的体验，但如何顺应自然规律，做好准备，从容地面对呢？

　　这个时期的养生要点是：宜收敛潜藏，宜滋养以延年。更年期常见的健康困扰是绝经综合征，常表现为潮热、汗出、烦躁、失眠，或焦虑、抑郁等一系列症状。西医会采取激素替代、非激素神经调节剂等方法，中医则通过中医药来整体调理肾、肝、心、脾，辅以养阴安神、健脾益气的食疗。

建议这个时期的女性多吃豆类、奶类、谷物。现在很多女性爱美，尝试很多手段来减肥瘦身，比如时下很流行通过低碳水、不吃主食的方式来减重，但这并不适合年过四十的女性。多吃谷物对于四十来岁的女性来说是利多于弊的。当然，也可以选择比较多样的谷物，这样跟健康均衡的饮食就不矛盾了。

在女性顺利度过更年期之后，从 60 岁开始步入老年期，保健的重点应放在健运脾胃和顾护后天之本上。

目前，中国女性的预期寿命已经达到 80 岁，因此如何做好保健，延长健康预期寿命，提高生活质量，变得越来越重要。老年妇女的养生要点主要包括预防骨质疏松、骨折；防治心脑血管疾病和阿尔茨海默病；定期体检，防治肿瘤。总的来说，女性从七岁至四七是人生之春夏，宜助长阳气生发；从五七到七七是人生之秋季，宜滋阴养血；晚年是人生之冬季，宜颐养脾胃，益寿延年。

好吃、爱吃，还能越吃越瘦

不少女性，无论已经多瘦了，还是觉得再少一斤才好。其实，无论是现代追捧的"骨感美"还是宋代人推崇的"病态美"，都是有损健康的。除了那些已经超重的人士，减肥还是适度为好。

中医认为，过度饮食会导致脾肾气虚，水湿痰饮停滞在体内，从而引发肥胖。然而，如果能够合理饮食，不仅不会增加体重，反而可以减肥。

通过食用合理的药膳和药粥，不仅可以预防脂肪堆积，还能越吃越瘦！

1.莲子百合汤

材料： 莲子、百合各 50 克，猪瘦肉 250 克，葱段、姜片、盐、料酒适量。

做法： 将莲子、百合、猪瘦肉洗净，将莲子去心，把猪瘦肉切成薄肉片。把莲子、百合、肉片同时放锅内，加入适量的水，再加入葱段、姜片、盐、料酒。锅置火上，大火烧沸后小火煨 1 小时即可。

功效： 益脾胃，养心神，润肺补肾，祛热止咳。

适用人群： 伴有心悸、失眠、低热、干咳的肥胖症患者。

2.荷叶莲藕炒豆芽

材料： 荷叶 200 克，莲子 50 克，绿豆芽 150 克，鲜藕 100 克，花生仁油、盐、水淀粉各适量。

做法： 将莲子、荷叶先放入锅中，加适量清水，小火煎汤后，拣出莲子、荷叶，汤放一旁备用。将鲜藕洗净，去皮，切成细丝。炒锅置火上，加入少许花生仁油烧热，放入藕丝煸炒至 7 成熟，加入熟透的莲子和洗净的绿豆芽，翻炒至豆芽熟软。锅中倒入莲子荷叶汤，加适量的盐调味，用水淀粉勾芡即可品尝。

功效： 健脾利湿，轻身消肿。

适用人群： 肥胖伴有高脂血症、水肿者。

3.三色糯米饭

材料： 赤小豆、薏米、糯米各 50 克，冬瓜子、黄瓜丁各适量。

做法： 将赤小豆及薏米用清水洗净，放进锅内蒸 20 分钟。将糯米及冬瓜子洗净，加适量水至锅内一起蒸熟。起锅后撒上黄瓜丁即可食用。

功效： 健脾利水，消肿减肥。

适用人群： 适用于脾虚湿盛，易浮肿的肥胖症患者。

4.参芪鸡丝冬瓜汤

材料： 鸡脯肉 200 克，党参、黄芪各 3 克，冬瓜 150 克，盐、黄酒各适量。

做法： 将鸡脯肉洗净，切成丝，连同党参、黄芪一起放入砂锅中，加一大碗清水（约 500 毫升），用小火炖至鸡肉 8 成熟。将冬瓜去皮，洗净，切片，放入锅内，加适量黄酒。待冬瓜片熟透加入少许盐调味即可。

功效： 健脾补气，利水消肿，轻身减肥。

适用人群： 各型肥胖者均可食用，对倦怠食少、面部浮肿者更适宜。

缓解痛经的食疗方

从中医角度看，痛经的主要原因是寒凝、气滞血瘀。其中，肾阳不足导致的宫寒血瘀最为常见。这是因为当肾阳不足时，子宫容易失去温度，受到寒气的侵袭，血液凝固，气血运行受阻，导致月经不

顺，产生疼痛。同时，气滞血瘀也常常伴随出现，因为气行不畅会导致血液无法正常运行，从而形成血瘀。

此外，受寒和贪凉也是引发痛经的常见原因。因此，女性朋友们在日常生活中应注意保暖防寒，以预防痛经的发生。对于由气滞血瘀引起的痛经，我们可以通过食疗来调理。

下面，为大家介绍 5 款可以调理痛经的食疗方。

1.玄胡益母草煮鸡蛋

材料：玄胡 20 克、益母草 20 ～ 30 克、鸡蛋 2 枚。

制法：将上述材料加水同煮，待鸡蛋熟后去壳，再放回锅中煮，约 20 分钟后去药渣，饮汤吃鸡蛋。

服法：建议经前 7 天，每日服用 1 次。

功效：具有通经止痛、行气活血的功效。

2.芎艾鸡蛋汤

材料：川芎 9 克、艾叶 4 克、鸡蛋 2 枚、黄酒适量。

制法：鸡蛋、川芎、艾叶同煮，待鸡蛋熟后去壳，再放回锅中，用文火煮约 10 分钟后酌加黄酒适量，去药渣饮汤吃鸡蛋。

服法：建议经前 7 天，每日服用 1 次。

功效：具有活血散瘀止痛之功。

3.归芎生姜羊肉汤

材料：当归 10 克、川芎 10 克、生姜 5 ~ 6 片、羊肉 500 克。

制法：将羊肉剔除去膜，放入沸水锅中焯去血水，切成条块状，将羊肉块、生姜（切片）、当归、川芎放入砂锅内加适量水，武火煮沸，拂去浮沫，然后用文火炖约 1 小时至羊肉熟烂即可。

服法：建议经前 7 天，每两天服用 1 次。

功效：具有暖宫补血、调经通络止痛之功。

4.艾叶红糖饮

材料：艾叶 6 克、红糖 15 克。

制法：艾叶煎水去渣，加入红糖即可。

服法：建议经前 7 天，每日服用 1 次，经期痛时可续服。

功效： 具有活血化瘀、温经止痛的功效。

5.黄芪乌鸡汤

材料： 乌骨鸡 250 克、黄芪 20 克。

制法： 乌鸡洗净去内脏斩件，黄芪洗净，一同放入砂锅中，加适量水，武火煮沸后再改用文火慢煮，煮至烂熟调味后服食。

服法： 建议经前 7 天，每日服用 1 次。

功效： 具有益气补血止痛的功效。

在治疗痛经方面，中医具有独特的优势和多样化的方法，其效果显著。根据患者的具体情况，可以采用针灸疗法、中药热熨、艾灸、耳穴压豆、中药足浴等外治法进行治疗。这些方法可以在月经前或月经后使用，有助于缓解痛经症状。需要注意的是，以上方法主要适用于原发性痛经，即由器质性病变引起的继发性痛经的患者需听从医嘱，必要时需进行手术治疗。

平稳度过更年期的食疗方

更年期，也被称为"围绝经期"，是女性生命中的一个重要阶段。这个阶段开始于卵巢功能开始减退，一直持续到绝经后的第一年。整个过程大约需要 3 到 5 年的时间，通常在 45 到 48 岁之间开始，然后在 55 岁左右基本结束。在这个时期，由于卵巢功能的下降，性激素的分泌量会减少，从而引发一系列以自主神经功能失调为主的症候群，这就是我们常说的"更年期综合征"。

在更年期，女性的身体会出现一系列的症状。

首先，她们的月经周期会变得不规律，有时延长，有时缩短，或者突然停止。

其次，她们会感到潮热，脸颊、胸部和颈部会突然变红，并伴有出汗。此外，她们还可能会有盗汗、失眠和心悸的症状。身体上，她

们的生殖器官会萎缩，乳房也会下垂和萎缩。她们可能会感到尿频和尿失禁。心理上，她们的思想会变得不集中，情绪波动大，容易烦躁、激动、焦虑和抑郁。

最后，由于骨质流失加快，她们可能会经常感到腰酸背痛，骨质疏松，容易骨折。全身的皮肤、头发和口舌也会变得干燥。

在日常生活的每一天，更年期的女性可以通过合理的饮食来更好地应对这个特殊的生理阶段。以下是一些关于更年期饮食的建议：

1. 控制脂肪摄入量

由于更年期妇女的血脂中的甘油三酯、极低密度脂蛋白含量较高，因此需要适当控制脂肪的摄入量，以防止肥胖和更年期症状的发生。建议每天的脂肪摄入量不超过 8 克。

2. 多食含维生素 B_1 和维生素 B_3 的食物

由于内分泌失调可能导致自主神经功能紊乱，出现皮肤潮红、高血压、耳鸣、失眠及情绪波动等症状，因此应多吃富含维生素 B_1 和维生素 B_3 的食物，如粗面、糙米、马铃薯、豌豆、大麦等粗粮，以调节神经功能。

3. 低盐饮食

对于血压升高的更年期女性，低盐饮食是必要的。同时，还可以适当吃些安神降压的食品，如莲子、百合、山楂、西瓜等。

日常生活中更年期女性可以通过食疗更好地度过更年期，下面是一些针对更年期常见症状的食疗方：

1.麦枣糯米粥

材料：小麦 30 克、大枣 10 枚、糯米 100 克。

做法：将材料洗净，共同放入锅中煮粥，待温度稍减，加入适量冰糖或蜂蜜调味，于每日晚餐食用。

功效：有助缓解更年期神经衰弱、失眠健忘、心神不安等病症。若体虚劳倦、头晕眼花等表现，还可加入龙眼肉15克同煮，但血糖异常、火旺湿重者慎加。

2.枣仁合欢粥

材料：酸枣仁30克、合欢皮30克、红枣10枚、粳米50克。

做法：将酸枣仁、合欢皮洗净，水煎取汁，再将红枣、粳米放入药汁中，熬制成粥，于每晚睡前1小时食用。

功效：有助缓解更年期忧郁易怒、心中烦热、辗转不眠等病症。

3.浮小麦饮

材料：浮小麦30克、红枣6枚、甘草6克、龙眼肉5粒。

做法：将上述材料洗净，水煎取汁饮用，并一同食用红枣和龙眼肉，每日一次，连服7～10天。

功效：有助缓解更年期心慌、头晕目眩、面唇色淡、心神不宁等病症。

4.莲子萸肉糯米粥

材料：莲子肉 20 克、山萸肉 20 克、糯米 60 克。

做法：洗净后一同放入锅中，加入适量清水煮粥，煮成后加入适量红糖搅匀即可，于每日晚餐食用。

> **功效：**有助缓解更年期头晕乏力、腰膝酸痛、虚汗不止、月经不调等病症。

还要多说一句，若病情较为复杂严重，应当及时就医治疗。更年期还应注意宫颈癌、卵巢癌等妇科肿瘤疾病的防治。如果出现不适症状，建议定期到医院筛查随访。排除严重疾病后，再挑选合适的食疗方。

想要皮肤白嫩细腻应该怎么吃

　　许多女性在 35 岁之后，皮肤状况逐渐恶化，出现黄色或黑色的现象，再也找不到曾经的白皙肌肤，呈现出衰老的迹象。正如成语"人老珠黄"所说，意思是人老了眼睛就会发黄衰老，不复清澈明亮，就像珠子旧了也会发黄一样。

　　为什么会出现这种情况呢？因为肺主皮毛。皮肤的光泽依赖于肺脏为其提供精气。一旦肺脏功能衰退，无法为皮肤提供充足的精气，皮肤就会随之变得暗沉。

　　因此，改善肤色暗黄的问题，不能仅仅关注外在肤色，而应该从内脏方面寻找原因。只有内脏调理好，外部气色才会焕然一新。

　　那么，如何补肺呢？有一个很好的方子，可以作为药膳食用，它就是杏仁七白粉。坚持服用一个月，肤色一定会有所改善。

　　杏仁七白粉都有哪些成分？主要由杏仁、山药、莲子、茯苓、百

合、银耳、葛根等七种白色粉末组成。

杏仁：剥开外皮后，露出光滑如玉的白色果肉。杏仁既可以作为药物使用，也可以作为食品食用。它具有润肺的作用，能够滋润肺部。此外，杏仁还具有润肠通便的效果。通过滋润肺部和促进排泄废物，皮肤得到充分的养护，自然会变得更加白皙。

山药：山药是一种常见的药食同源的食物，也是白色的。山药被称为"三补"食物，即补脾、补肺、补肾。它能够提高全身脏腑机能，使身体气血充足，脸色红润，改善肤色暗黄的问题。

莲子：莲子也是白色的，可以入肺养肺。此外，莲子还具有健脾的作用，能够通过健脾达到养肺的效果。莲子不仅能够养脾、养肺，还有助于安神助眠。它里面的莲子芯有清心火的作用，有助于改善肤色。

茯苓：白茯苓为药材茯苓块切去赤茯苓后的白色部分，通常为中药饮片。茯苓具有健脾利湿的作用。湿邪过多会导致皮肤发黄、油腻。茯苓通过健脾利湿，可以排出体内的湿气，使皮肤变得干净。长期使用茯苓还有减肥

的效果。此外，茯苓通过健脾也有助于补益肺脏。

百合：百合是一种美味可口的食物，可以滋润肺脏，清除肺脏中的虚热。肺脏清洁了，皮肤也会变得更加干净。此外，百合还可以入心养心安神，促进睡眠。睡眠不好的人容易皮肤暗沉，而百合既能补肺又能促进睡眠，自然可以使皮肤更加白皙。

银耳：银耳是一种滋润肺脏的食物，颜色洁白如仙子般美丽。将银耳泡水后，体积会迅速膨胀，充满水分。进入身体后，银耳可以滋润全身。由于它是白色的，所以可以滋润肺部，给皮肤提供充足的精华，使皮肤变得滋润、白皙。

葛根：葛根是野葛的根茎，具有输送水分的功能。白色葛根，又名白葛、白天麻，是一种常用的中药材。葛根可以让体内的水分流向体表，中医称之为"解肌"。通过葛根的输布作用，肺脏的精华可以通达肌表，滋养肌肤，使其焕发生机。

将"杏仁七白粉"打成超细粉后，再加入适量脱脂奶粉，用90摄氏度的温水冲泡即可。早晨饮用可以补益脾肺，晚上饮用可以促进睡眠并深层修复皮肤。坚持一个月的服用，皮肤将会焕然一新！

雌激素下降了，这样补回来

卵巢对女性非常重要，然而令人遗憾的是，卵巢的生理活性会随着年龄的增长而慢慢减退，不能陪伴女性到达其生命的终点。一般女性在 50 岁左右的时候卵巢就会开始萎缩，雌激素的分泌也会越来越少。渐渐地，当月经不再露面的时候，卵巢已经枯萎变成了纤维组织，这就意味着，女性的"女人味"将不复存在。

因此，在日常生活中，女性应该注重保养，以确保卵巢正常分泌雌激素，保持自己的女性魅力。以下是一些饮食调理雌激素分泌的方法：

下面将为大家介绍 6 种食物，它们被誉为"天然雌激素"，女性经常食用，可以带来诸多益处，使身体内外都保持年轻。让我们一起来了解一下吧。

1. 黄豆

黄豆中含有丰富的异黄酮、大豆蛋白以及卵磷脂等成分，被公认为"天然雌激素补充剂"。黄豆最常见的吃法就是打成豆浆。当然，黄豆还可以制作成各种豆制品，如豆腐、腐竹、豆皮等。平时可以根据个人口味进行变换。

推荐食疗方：时蔬焖豆腐。

用料食材：豆腐 1 块，胡萝卜 1 根，青椒 1 个，酱油 1 勺，蚝油 1 勺，胡椒粉少许，食盐适量，食用油适量和水淀粉适量。

制法：首先将豆腐切成小块，然后放入沸水中煮 2 ~ 3 分钟。接着准备一些配菜，如胡萝卜和青椒。炒菜之前先调好料汁，然后将锅内淋入食用油，加热后放入胡萝卜丁和青椒块炒制。最后加入事先调

好的料汁和豆腐，轻轻晃动炒锅使汤汁包裹到食材周围。盖上锅盖，中火焖 3 ~ 5 分钟即可。

功效：补充雌激素，补血养颜。

2. 鲫鱼

鲫鱼也是我们推荐的一种食物。它含有丰富的氨基酸和蛋白质，对皮肤维持弹性有非常积极的意义。鲫鱼可以用来煲汤、清蒸、凉拌或炖着吃。

推荐食疗方：茄汁鲫鱼。

用料食材：西红柿 1 个，小鲫鱼 10 条，葱姜料酒适量，生抽老抽适量和热水适量。

制法：首先将小鲫鱼清洗干净并腌制 10 分钟。然后将腌好的鲫鱼煎至色泽金黄。接着准备一个新鲜多汁的西红柿切块备用。锅内淋食用油放入葱姜炝锅，然后放入西红柿快炒至变软。接着烹入生抽和老抽炒香后加入一碗热开水煮沸。最后将煎好的鲫鱼下锅，淋入陈醋焖煮 2 个小时左右，即可关火享用。

功效：养颜美容，降低肝固醇。

3. 胡萝卜

胡萝卜被誉为"护肤食品"，其中含有丰富的维生素 A 和胡萝卜素。这两种物质对于滋润皮肤非常有益。胡萝卜可以蒸着吃、烤着吃、炒菜吃或煲汤喝等等，吃法非常多样。

推荐食疗方：胡萝卜米糊。

用料食材：胡萝卜半个、核桃 2 个、小米 20 克和清水适量。

制法：将胡萝卜洗净去皮后切成小块状；核桃剥出核桃仁冲洗干净；小米淘洗干净备用。将所有食材放入破壁机中，加入适量饮用水并选择"米糊"功能键开始工作。大约三十分钟以后米糊就打好了。口感细腻顺滑，既有米香又有胡萝卜的清甜味道，可口又营养。

功效：养颜美容，和胃补气。

4. 红枣

红枣是女性想要皮肤白里透红、有弹性时应该常吃的食物之一。红枣中含有丰富的维生素 C 和铁元素对女性有很多好处。红枣可以用来煮粥煲汤、蒸着吃或者做成小零食等等。

推荐食疗方：红枣姜丝鸡蛋汤。

用料食材：煮鸡蛋 2 个、红枣 1 把、姜丝适量和红糖适量。

制法：首先准备一些红枣清洗干净并用刷子刷去表面的褶皱；生姜洗净后切成姜丝备用；另外准备两个煮熟的鸡蛋剥壳冲洗干净备用。在锅中加入适量清水放入生姜丝、红枣和红糖并开火将水煮开；水开后将鸡蛋放入锅中，调小火继续煮半个小时，关火后再焖 10 分钟，即可盛入碗中享用了。

功效：补血补气，养颜美容。

5. 口蘑

口蘑作为一种菌类食材富含丰富的营养尤其是氨基酸、蛋白质以及矿物质硒被称为"长寿元素"。口蘑的味道也十分鲜美，无论是热炒还是做汤，都非常美味。

推荐食疗方：素炒口蘑。

用料： 口蘑 250 克、小油菜 2 棵、蒜蓉适量油盐适量黑胡椒碎适量。

制法： 口蘑洗净，去根，擦干。油菜切段，分帮叶。热油下蒜蓉，炒香后下口蘑，中火翻炒至微黄、软、析出汤汁。下油菜帮，再下菜叶，继续翻炒至熟，加盐调味出锅。

功效： 养颜减肥，护肝降脂。

晒伤了，这样做恢复快

晒伤，也被称作日光性红斑、日光性水肿、日晒伤或日光性皮炎，是皮肤由于遭受紫外线的过度照射而引发的急性损伤反应。

我们先了解一下晒伤的主要表现。皮肤晒伤的典型症状包括皮肤瘙痒、刺痛，以及皮疹或皮肤发红等。如果这些症状得不到及时的治疗，还可能引发发热、畏寒等进一步的症状。

晒伤后的修复是个技术活。

1. 外在护理

首先，你需要用冷毛巾包裹那些发红的皮肤，让它们冷静下来。一旦红肿消退，防止皮肤干燥就变得至关重要。要知道，晒伤会使皮肤失去水分，使其更粗糙。因此，这个时期的主要工作是保湿和修复。

（1）黄瓜汁敷面：将新鲜的黄瓜榨汁，然后涂抹在受伤的皮肤上，等待 10 分钟。黄瓜含有大量的水分和维生素 A，能刺激皮肤再生，补充水分并治疗脱皮。

（2）西瓜皮湿敷：把西瓜皮捣成泥，加入一些蜜糖，做成面膜。这款面膜有良好的附着力，可以持续 15 到 30 分钟。

（3）蛋清湿敷：蛋清含有丰富的蛋白质，可以帮助皮肤生长。

（4）蜂蜜涂抹：蜂蜜含有丰富的维生素和葡萄糖，能美白皮肤，有杀菌消毒的效果，可以帮助伤口愈合。

（5）茶水涂抹：用棉签蘸取茶水涂抹在晒伤的皮肤上，可以缓解疼痛感，对皮肤有滋养作用。茶叶中的鞣酸可以缩小皮肤血管，减少肿胀。

（6）维生素 E 涂抹：如果家里有维生素 E 胶囊，可以直接挤出来涂在受伤的皮肤上，可以减轻疼痛和炎症。

2. 内在修复

日晒引发的色斑和雀斑，这些状况可以通过补充维生素 A 来改善。维生素 A 能有效抑制黑色素的生成，同时也有助于已生成的色素还原为无色。因此，维生素 A 常被誉为美白之王。

为了保持肌肤的健康，我们需要多摄取一些富含维生素 A 的水果和蔬菜。此外，我们还需要保证摄取足够的维生素 E 以防止肌肤老化，以及增加皮肤弹性的钙。这些营养素都可以从食物或者营养补充食品中获取。

以下是几种常见的食品，它们能够帮助我们的皮肤从内到外的美白。

西红柿：这是最好的防晒食物。德国和荷兰的科学家研究发现，西红柿富含抗氧化剂西红柿红素，每天摄入 16 毫克的西红柿红素，可以使晒伤的程度降低 40%。而且，熟食西红柿的效果比生食更好。

西瓜：西瓜的含水量在所有的水果中是最高的，特别适合在夏季食用。西瓜汁中含有多种对健康和美容有益的化学成分，例如具有皮肤生理活性的氨基酸。这些成分容易被皮肤吸收，对面部皮肤有很好的滋润、营养、防晒和增白效果。

柠檬：柠檬含有丰富的维生素 A，其美白效果特别显著。研究表明，只要每周摄取一勺左右的柠檬汁，就可以使皮肤癌的发病率降低 30%。与柠檬具有相似

作用的食物还有橙子、猕猴桃、甜椒和草莓等。

　　绿茶：绿茶中的儿茶素具有很强的抗氧化功能。如果将含有绿茶成分的护肤品涂抹在皮肤上，即使被强烈的阳光照射，也可以使导致皮肤晒伤、松弛和粗糙的过氧化物减少 1/3。

　　下面推荐三种对皮肤伤晒有修复作用的茶饮。

1.银耳冰糖饮

　　材料：银耳 10 克，冰糖 50 克，柠檬汁少许。

　　制作及用法：银耳泡水一晚后取出，放入锅中，加入 1000 毫升水以小火煮至软烂，然后加入冰糖，待凉后加入柠檬汁，当天饮用完毕，可长期坚持。

功效：银耳具有养阴润肤、淡斑的功效；冰糖能够滋阴润燥；柠檬则具有生津和排毒的作用。

2.天冬玉竹茶

材料：天冬、玉竹各 15 克。

制作及用法：将药材放入锅中，加入 800 毫升水，以小火煮沸后盖上锅盖焖 15 分钟，然后饮用，当天喝完，可长期服用。

功效：天冬具有滋阴养血、清热生津的功效；玉竹则能养阴润燥、美白润肤。

3.黄芩甘草饮

材料：黄芩 15 克，甘草 10 克。

制作及用法：将药材放入锅中，加入 500 毫升水，以小火煮沸后即可熄火饮用，当天饮用完毕，若红肿症状消除则停止饮用。

功效：黄芩具有泻火解毒、凉血的功效；甘草则具有清热解毒、消炎抗菌的作用。